作者简介

刘瑞璞，1958年1月生，天津人，北京服装学院教授，博士研究生导师，艺术学学术带头人。研究方向为服饰符号学，创立中华民族服饰文化的结构考据学派和理论体系。代表作：《中华民族服饰结构图考（汉族编、少数民族编）》《清古典袍服结构与文章规制研究》《中国藏族服饰结构谱系》《旗袍史稿》《苗族服饰结构研究》《优雅绅士 1-6卷》等。

黄乔宇，1994年12月生，福建福州人，北京服装学院博士研究生。代表作，《晚清氅衣“隐襕”释证》《同治朝便服御制与样稿考释》《明清挽袖考略——伦理教化下的服从与僭越》等。

国家出版基金项目
NATIONAL PUBLICATION FOUNDATION

满族服饰研究

贰 满族服饰结构与纹样

刘瑞璞 黄乔宇 著

東華大學出版社·上海

内容提要

《满族服饰结构与纹样》系五卷本《满族服饰研究》的第二卷。本书以清中晚期具有标志性的满族妇女氅衣、衬衣等常服标本的整理为线索，结合文献、图像史料考证，对满族服饰结构与纹样的历史文脉、规律特征、骨式样貌等进行系统整理和呈现。研究显示，满族服饰纹样意涵和骨式结构续写着中华一脉相承的服章传统。但这不意味着废弃祖俗，研究发现，在“即取其文，不沿其式”乾隆定制的推动下创造了从汉制襕纹到满俗隐襕，从汉女挽袖前寡后奢的礼制教化到满女挽袖“春满人间”的智慧，不变的仍是纹必有意，意必吉祥，纹肇中华。读者通过本丛书总序《满族，满洲创造的不仅仅是中华服饰的辉煌》的阅读，会有更深刻的认识。

图书在版编目(CIP)数据

满族服饰研究. 满族服饰结构与纹样 / 刘瑞璞，黄乔宇著. —上海：东华大学出版社，2024.12
ISBN 978-7-5669-2442-1
Ⅰ. TS941.742.821
中国国家版本馆CIP数据核字第2024XV1892号

责任编辑　吴川灵　周德红　沈　衡
装帧设计　刘瑞璞　吴川灵　璀采联合
封面题字　卜　石

满族服饰研究：满族服饰结构与纹样
MANZU FUSHI YANJIU：MANZU FUSHI JIEGOU YU WENYANG

刘瑞璞
黄乔宇　著

出　　版：东华大学出版社（上海市延安西路1882号，200051）
本社网址：http://dhupress.dhu.edu.cn
天猫旗舰店：http://dhdx.tmall.com
营销中心：021-62193056　62373056　62379558
电子邮箱：805744969@qq.com
印　　刷：上海颛辉印刷厂有限公司
开　　本：889 mm × 1194 mm　1/16
印　　张：16.25
字　　数：568千字
版　　次：2024年12月第1版
印　　次：2024年12月第1次
书　　号：ISBN 978-7-5669-2442-1
定　　价：228.00元

总 序

满族，满洲创造的不仅仅是中华服饰的辉煌

一

满族服饰研究或许与其他少数民族服饰研究有所不同。

中国古代服饰，没有哪一种服饰像满族服饰那样，可以管中窥豹，中华民族融合所表现的多元一体文化特质是如此生动而深刻。因为，“满族”是在后金天聪九年（1635年），还没有建立大清帝国的清太宗皇太极就给本族定名为“满洲”，第二年（1636年）于盛京（今辽宁省沈阳市）正式称帝，改国号为清算起，到1911年清王朝覆灭，具有近300年的辉煌历史的一个少数民族。“满洲开创的康雍乾盛世是中国封建社会发展的最后一座丰碑；满洲把中国传统文化推上中国封建社会最后一个高峰，……是继汉唐之后一代最重要的封建王朝”（《新编满族大辞典》前言）。这意味着满族历史或是整个大清王朝的历史，满族服饰或是整个清朝的服饰，是创造中华古代服饰最后一个辉煌时代的缩影。旗袍成为中华民族近现代命运多舛且凤凰涅槃的文化符号。无论学界有何种争议，满族所创造的中华辉煌却是不争的事实。至少在中国古代服饰历史中，还没有以一个少数民族命名的服饰而彪炳青史，而且旗袍在中国服制最后一次变革具有里程碑的意义就是成为结束帝制的文化符号，真可谓成也满族败也满族。不仅如此，研究表明，还有许多满族所创造的深刻而生动的历史细节，比如挽袖的满奢汉寡、错襟的满繁汉简、戎服的满俗汉制、大拉翅的衣冠制度、满纹必有意肇于中华等。这让我们重新认识满族和清朝的关系，满族在治理多民族统一国家中的特殊作用。这在满学和清史研究中是不能绕开的，特别是进入21世纪，伴随我国改革开放学术春天的到来，满学和清史捆绑式的研究模式凸显出来，且取得前所未有的成就。正是这样的学术探索，发现满族不是一个简单的族属范畴，它与清朝的关系甚至是一个硬币的两面不可分割，这就需要弄清楚满族和满洲的关系。

二

满族作为族名的历史并不长，是在中华人民共和国成立之后确定的，之前称满洲。自皇太极于1635年改“女真”定族名为“满洲”，成就了一个大清王朝。满洲作为族名一直沿用到民国。值得注意的是，在改称满洲之前所发生的事件对中华民族政权的走势产生了深刻影响。建州女真首领努尔哈赤，对女真三部的建州女真、东海女真和海西女真实现了统一，这种统一以创制“老满文”为标志。作为准国家体制建设，努尔哈赤于1615年完成了八旗制的创建，使原松散的四旗制变为八旗制的族属共同体，1616年在赫图阿拉（辽宁境内）称汗登基，建国号金，史称后金。这两个事件打下了大清建国的文化（建文字）和制度（八旗制政体）的基础。1626年，努尔哈赤死，其子皇太极继位后也做了两件大事。首先是进一步扩大和强化“族属共同体”，为提升其文化认同，对老满文进行改进提升为“新满文”；其次为强化民族认同的共同体意识，在1635年宣布在“女真”族名前途未定的情况下，最终确定本族族名为“满洲”。“满”或为凡属女真族的圆满一统；“洲”为一个更大而统一的大陆，也为“中华民族共同体”清朝的呼之欲出埋下了伏笔。历史也正是这样书写的，皇太极于宣布“满洲”族名的转年（1636年）称帝，国号“大清”。然而，满洲历史可以追溯到先秦，或与中原文明相伴相生，从不缺少与中原文化的交往、交流、交融。有关满洲先祖史料的最早记载，《晋书·四夷传》说“肃慎氏在咸山北”，即长白山北，是以向周武王进贡“楛矢石砮”[1]而闻名。还有史书说，肃慎存在的年代大约在五帝至南北朝之间，比其后形成的部落氏族存续的时间长。红山文化考古的系统性发现，或对肃慎氏族与中原文明同步的“群星灿烂”观点给予了有力的实物证据，也就是发达的史前文明，肃慎活跃的远古东北并不亚于中原。满洲先祖肃慎之后又经历了挹娄、勿吉和靺鞨。史书记载，挹娄出现在

1 楛（hù）是指荆一类的植物，其茎可制箭杆，楛矢石砮就是以石为弹的弓砮，这在西周早期的周武王时代算是先进武器。在国之大事在祀与戎时代，肃慎氏族进贡楛矢石砮很有深意。

东汉，勿吉出现在南北朝，南北朝至唐是靺鞨活跃的时期。然而据《北齐书》记载，整个南北朝是肃慎、勿吉、靺鞨来中原朝贡比较集中的时期，南北朝后期达到高峰。这说明两个问题，一是远古东北地区多个民族部落联盟长期共存，故肃慎、挹娄、勿吉、靺鞨等并非继承关系，而是各部族之间分裂、吞并形成的长期割据称雄的局面。《北齐书·文宣帝纪》："天保五年（554年）秋七月戊子，肃慎遣使朝贡。" 而挹娄早在东汉就出现了。同在北齐的天统五年（569年）、武平三年（572年）分别有靺鞨、勿吉遣使朝贡的记载，而且前后关系是打破时间逻辑的，说明它们是各自的部落联盟向中央朝贡。虽然有简单的先后顺序出现，也在特定的历史时期共治共存。这种局面又经历了渤海国，到了女真政权下的金国被打破了。1115年，北宋与辽对峙已经换成了金，标志性的事件就是，由七个氏族部落组成的女真部落联盟首领完颜阿骨打建国称帝，国号大金，定都会宁府。这意味着，肃慎、挹娄、勿吉、靺鞨等氏族部落相对独立而漫长的分散格局，到了金形成了以女真部落联盟为标志的统一政权。蒙元《元史·世祖十》："定拟军官格例"……"若女直、契丹生西北不通汉语者，同蒙古人；女直生长汉地，同汉人。"唯继续留在东北故地的女真族仍保持本族的语言和风俗，也为明朝的女真到满洲的华丽变身保留了根基和文脉。这就是满洲形成前的建州女真、海西女真和东海女真的格局。1635年，皇太极诏改"诸申"（女真）为"满洲"，真正实现了女真大同。

这段满洲历史可视为，上古东北地区多个氏族部落联盟的共存时代和中古东北地区女真部落联盟时代。它们的共同特点是，即便发展到女真部落联盟，也没有摆脱建州女真、海西女真和东海女真的政权割据。因此，"满洲"从命名到伴随整个清朝历史的伟大意义，很像秦始皇统一六国，开创大一统帝制纪元一样，成为创造中华最后一个辉煌帝制的见证。

三

"满洲"作为统治多民族统一的最后一个帝制王朝的少数民族，它所创造的辉煌、疆域和史乘，或在中国历史上绝无仅有。这里先从中国历代帝制年代的坐标中去看清王朝的历史，发现"满洲"（满族）的历史正是整个清朝的历史。这种算法是从1635年皇太极诏改“女真”为“满洲”，转年1636年称帝立国号“大清”算起，到1911年清灭亡共276年，而官方对清朝纪年是从1644年入关顺治元年算起是268年。值得注意的是，正是在入关前的这不足十年里孕育了一个崭新的“民族共同体”满洲，它为创建清朝的“中华民族共同体”功不可没。不仅如此，清朝历史也在中国历代帝制的统治年代中名列前茅，若以少数民族统治的帝制朝代统计，清朝首屈一指。

根据官方的中国帝制历史年代的统计：秦朝为公元前221至前206年，历时16年；西汉为公元前206至公元25年，历时231年；东汉为公元25至公元220年，历时196年；三国为公元220至280年，历时61年；西晋为公元265至317年，历时53年；东晋为公元317至420年，历时104年；南北朝为公元420至589年，历时170年；隋朝为公元581至618年，历时38年；唐朝为公元618至907年，历时290年；五代十国为公元907至960年，历时54年；北宋为公元960至1127年，历时168年；南宋为公元1127至1279年，历时153年；元朝为公元1271至1368年，历时98年；明朝为公元1368至1644年，历时277年。统治时间在200年以上的朝代是西汉、唐、明和清，如果根据统治时间长短计算依次为唐、明、清和西汉；以少数民族统治帝制王朝的时间长短计算，依次为清268年、南北朝170年和元98年。

从满洲统治的清朝历史、民族大义和民族关系所呈现的史乘数据，只说明一个问题，满族——满洲创造的不仅仅是一个独特历史时期的中华服饰文化，更是一个完整的多民族统一的帝制辉煌。满洲在中国近古历史所发挥的作用，从清朝的治理成就到疆域赋予的“中华民族共同体”都值得深入研究。《新编满族大辞典》前言给出的成果指引值得思考与探索：

满洲作为有清一代的统治民族，主导着中国社会近300年历史的发展。它打破千百年来沿袭的“华夷之辨”的传统观念，确立并实践了“中外一体”的新“大一统”的民族观；它突破传统的“中国”局限，重新给“中国”加以定位。……把“中国”扩展到“三北”地区，将秦始皇创设的郡县制推行到各边疆地区：东北分设三将军、内外蒙古行盟旗制；在西北施行将军制、盟旗、伯克及州县等制；在西藏设驻藏大臣；在西南变革土司制，改土归流。一国多制，一地多制，真正建立起空前“大一统”的多民族的国家，实现了至近代千百年来制度与管理体制的第一次大突破，以乾隆二十五年（1760）之极盛为标志，疆域达1300万平方公里。

满洲创建的“大清王朝”享国268年，其历时之久、建树之多、政权规模之宏大，以及疆域之广、人口之巨，实集历代之大成，是继汉唐之后一代最重要的封建王朝。

满洲改变和发展近代中国，文“化”中国，为近代中国定型，又是清以前任何一代王朝所不可比拟的。……如果没有满洲主导近代中国历史的发展，就没有当今中国的历史定位，就没有今日中国辽阔的疆域，亦不可能定型中华民族大家庭的新格局。

四

学界就清史和满学而言，惯常都会以清史为着力点，或以此作为满学研究的纵深，而忽视了满学可以开拓以物证史更广泛的实证系统和方法。这种以满学为着力点的清史研究的逆向思维方法，通常会有学术发现，甚至是重要的学术发现。满族服饰研究确是小试牛刀而解决长久以来困扰学界的有史无据问题。通过实物的系统研究，真正认识了满族服饰研究，不是单纯的民族服饰研究课题，并得到确凿的实证。其中的关键是要深入到实物的结构内部，因此获取实物就成为研究文献和图像史料的重要线索，这就决定了满族服饰研究不是史学研究、类型学研究、文献整理，而是以实物研究引发的学术发现和实物考证。《满族服饰研究》的五卷成果，卷一满族服饰结构与形制、卷二满族服饰结构与纹样、卷三满族服饰错襟与礼制、卷四大拉翅与衣冠制度、卷五清代戎服结构与满俗汉制，都是以实物线索考证文献和图像史料取得的成果。当然，官方博物馆有关满族服饰的收藏，特别是故宫博物院的收藏更具权威性，同时带来的问题是，它们偏重于清宫旧藏，难以下沉到满族民间。在实物类型上，由于历史较近，实物丰富，并易获得，更倾向于华丽有经济价值的收藏，因此像朴素的便服、便冠大拉翅等表达市井的世俗藏品，即便是官定的戎服，如果是兵丁棉甲等低品实物都很少有系统的收藏，“博物馆研究”自然不会把重点和精力投注上去。最大的问题还是，“国家文物”面向社会的开放性政策和学术生态还不健全。而正是这些世俗藏品承载了广泛而深厚的满俗文化和族属传统。这就是为什么民间收藏家的藏品成为本课题研究的关键。清代蒙满汉服饰收藏大家王金华先生，不能说“藏可敌国”，也可谓盛世藏宝在民间的标志性人物。他的“蒙满汉至藏”专题收藏和学术开放精神令人折服。重要的是，需要深耕和系统研究才会发现它们的价值。经验和研究成果告诉我们，“结构”挖掘成为“以物证史”的少数关键。

五

关于“满族服饰结构与形制”。王金华先生的“蒙满汉至藏”，这个专题性收藏不是偶然的，因是不能摆脱蒙满汉服饰“涵化”所呈现它们之间的模糊界限。如果没有纹饰辨识知识的话，单从形制很难区分，正是结构研究又使它们清晰起来。

学界对中华服饰的衍进发展，认为是通过变革推进的，主流有两种观点。第一种观点是“三次变革”说。第一次变革是以夏商周上衣下裳制到战国赵武灵王“胡服骑射”为标志、深衣流行为结果，确立为先秦深衣制；第二次变革是从南北朝到唐代，由汉魏单一系统变为华夏与鲜卑两个来源的复合系统；第三次变革是指清代，以男子改着满服为标志，呈现华夏传统服制中断为表征。第二种观点是“四次变革”说，是在以上三次变革说的基础上，增加了一次清末民初的“西学中用说”，强调女装以旗袍为标志的立足传统加以“改良”，男装以中山装成功中国化为代表的“博采西制，加以改良”（孙中山1912年2月4日《大总统复中华国货维持会函》），成为去帝制立共和的标志性时代符号。然而，上述无论哪种说法都有史无据，忽视了对大量考古发现实物的考证，即便有实物考证也表现出重形制、轻结构的研究，更疏于对形制与结构关系的探索。就“三次变革”和“四次变革”的观点来看，有一点是共通的，就是无论第三次还是第四次变革都与满族有关；还有一个共同的地方，就是两种观点都没有指出三次或四次形制变革的结构证据。而结构的解读，对这种三次或四次变革说或是颠覆性的。满族服饰结构与形制的研究，如果以大清多民族统一王朝的缩影去审视，它不仅没有中断华夏传统服制，更是为去帝制立共和的到来创造了条件，打下了基础。我们知道，清末民初不论是女装的旗袍还是男装的中山装，都不能摆脱“改良”的社会意志，而这些早在晚清就记录在满族服饰从结构到形制的细节中。

从满族服饰的形制研究来看，无论是男装还是女装都锁定在袍服上，而袍服在中国古代服饰历史上并不是满族所特有。台湾著名史学家王宇清先生在《历代妇女袍服考实》中说，袍为“自肩至跗（足背）上下通直不断的长衣……曰‘通裁’；乃‘深衣’改为长袍的过渡形制”。可见，满族无论是女人的旗袍，还是男人的长袍，都可以追溯到上古的深衣制。这又回到先秦的“上衣下裳制”和“深衣制”的关系上。事实上，自古以来从宋到明末清初考据家们就没有破解过这个谜题，最大的问题就是重道轻器，重形制轻格物（结构），当然也是因为没有实时的文物可考。今天不同了，从先秦、汉唐、宋元到明清完全可以串成一个古代服饰的实物链条，重要的是要找出它们承袭的结构谱系。“上衣下裳”和“深衣制”衍进的结构机制是相对稳定的，且关系紧密。“上衣下裳”表现出深衣的两种结构形制：一是上衣和下裳形成组配，如上衣和下裙组合、上衣和下裤组合；二是上衣和下裙拼接成上下连属的袍式。班固在汉书中解释为《礼记・深衣》的“续衽钩边”。还有一种被忽视的形制就是“通袍”结构，由于古制“袍”通常作为“内私”亵衣（私居之服），难以进入衣冠的主流。东汉刘熙《释名・释衣服》曰：“袍，丈夫著下至跗者也。袍，苞也；苞，内衣也。”明朝时称亵衣为中单，且成为礼服的标配。袍的亵衣出身就决定了，它衍变成外衣，或作为外衣时，就不可以登大雅之堂。这就是为什么在汉统服制中没有通袍结构的礼服，而深衣的“续衽钩边”是存在的，只是去掉了“上衣下裳”的拼接。这就是王宇清先生考证袍为“通裁”，是“深衣”（上下拼接）改为长袍的过渡形制。这种对深衣结构的深刻认知，在大陆学者中是很少见的。

由此可见，自古以来，“上衣下裳制”、“深衣制”和“通袍制”所构成的结构形制贯穿整个古代服饰形态。值得注意的是，三种结构形制有一个不变的基因，即“十字型平面结构”中华系统。这就意味着，中华古代服饰的“三次变革”的观点是存疑的，至少在结构上没有发生革命性的益损，这很像我国的象形文字，虽经历了甲骨、篆、隶、草、楷，但它象形结构的基因没有发生根本性的改变。如果说变革的话，那就是民族融合涵化的程度。汉族政权中，“上衣下裳制”和“深衣制”始终成为主导，“通袍制”为从属地位。即便是少数民族政权，为了宣示正宗和儒统，也会以服饰三制为法统，如北魏。这种情形的集大成者，既不是周汉，也不是唐宋，而是大明，这正是历代袍服实物结构的考证给予支持的。

明朝服制“上承周汉，下取唐宋”，这几乎成为明服研究的定式，而实物结构的研究表明，其主导的结构形制却呈现“蒙俗汉制”的特征，或是上衣下裳、深衣和通袍制多元一体民族融合的智慧表达。朝祭礼服必尊汉统，上衣下裳（裙），内服中单，交领右衽大襟广袖缘边；赐服曳撒式深衣，交领右衽大襟阔袖云肩襕制；公常服通裁袍衣，盘领右衽大襟阔袖胸背制。所有不变的仍是“十字型平面结构”。所谓上承周汉，就是朝祭礼服坚守的上衣下裳制，而赐服和公常服系统从唐到宋就定型为胡汉融合的风尚了，到明朝与其说是恢复汉统不如说是“蒙俗汉制”。这种格局，从服饰结构的呈现和研究的结果来看，清朝以前的历朝历代都未打破，只有在清朝时被打破了，袍服被推升到至高无上的地位。朝服为曳撒式深衣，圆领右衽大襟马蹄袖；吉服为通裁袍服，圆领右衽大襟马蹄袖；常服为通裁袍服，圆领右衽大襟平袖。这种格局，深衣制为上，袍制为尊，上衣下裳用于戎甲或亵衣；形制从盘领右衽大襟变为圆领右衽大襟，废右衽交领大襟；袖制以窄式马蹄袖为尊，阔袖为卑。这或许是第三次变革，华夏传统服制被清朝中断的依据。然而满族服饰结构的研究表明，它所坚守的“十字型平面结构”系统，比任何一个朝代更充满着中华智慧，正是窄衣窄袖对褒衣博带的颠覆，回归了格物致知的中华传统，才有了民初改朝易服的窄衣窄袖的“改良”。这种情形在满族服饰的错襟技术中表现得更加深刻。

六

关于“满族服饰错襟与礼制”。错襟在清朝满人贵族妇女身上独树一帜的惊艳表现，却是为了弥补圆领大襟繁复缘边结构的缺陷。礼制也因此而产生：便用礼不用，女用男不用，满奢汉寡。且又与历史上的“盘领”和“衽式”谜题有关。盘领右衽大襟在唐朝就成为公服的定制，公服作为官员制服，盘领右衽大襟是它的标准形制，又经历了两宋内制化的修炼，即便在蒙元短暂的停滞，到了明代又迅速恢复并成集大成者，这就衍生出盘领右衽大襟的公服和常服两大系统，盘领袍也就成为中国古代官袍的代名词。明盘领袍和清圆领袍在结构上有明显的区别，而在学术界的混称正是由于对结构研究的缺失所致。还有一个“衽式”的谜题。事实上这两个问题的关键都是结构由盘领到圆领、从左右衽共存到右衽定制，才催生了错襟的产生。关键因素就是袍制结构在清朝被推升为以“满俗汉制”为标志的至高无上的地位。

那么为什么在清以前的明、宋、唐的官袍称盘领袍，而清朝袍服称圆领袍？在结构上有什么区别？明、宋、唐官袍的盘领都是因为素缘而生，而清代袍服的圆领多为适应繁复缘边而盛行。为什么会出现这种现象仍是值得研究的课题，但有一点是肯定的，前朝官袍盘领结构，是为了强调“整肃”，而在古制右衽大襟交领基础上，存右衽大襟，改交领为圆领且向后颈部盘绕更显净素，但就形制出处已无献可考。据史书记载，盘领袍式多来自北方胡服，这与唐朝不仅尚胡俗，还与君主有鲜卑血统有关。北宋沈括在《梦溪笔谈》记：“中国衣冠，自北齐以来，乃全用胡服。”初唐更是开胡风之先河，“慕胡俗、施胡妆、着胡服、用胡器、进胡食、好胡乐、喜胡舞、迷胡戏，胡风流行朝野，弥漫天下。”而官服制度是个大问题，尤其“领”和“袖”，因此右衽大襟盘领和素缘便是“整肃”的合理形式。清承明制，从明盘领官袍到清圆领袍服正是它的物化实证。而随着繁复缘边的盛行，盘领结构是无法适应的。这也并非满人的审美追求所致，而与完善“清制”有关。乾隆三十七年上谕内阁的谕文，中心思想就是“即取其文，不沿其式”，也就是承袭前制衣冠，可取汉制纹章，不必沿用其形式。这就是为什么在清朝，以袍式为核心的满俗服制中汉制服章大行其道的原因，这其中就有朝服的云肩襕纹、吉服的十二章团纹、官服的品阶补章。十八镶滚的错襟正是在这个背景下产生的，从明盘领结构到清圆领结构正是“不沿其式”的改制为繁复缘边的错襟发挥提供了条件。值得注意的是，它“独树一帜的惊艳表现”，是让结构技术的缺陷顺势发挥“将错就错”的智慧，“以志吾过，且旌善人”（《左传・僖公二十四年》），大有强化右衽儒家图腾的味道。因为女真先祖“被发左衽”的传统，到了满洲大清完全变成了“束发右衽”的儒统，“错襟”或出于蓝而胜于蓝。

中华服制，东夷西戎南蛮北狄左衽，中原右衽，最终“四夷左衽”被中原汉化，右衽成为民族认同的文化符号。这种观点在今天的学界仍有争议。有学者认为：“左衽右衽自古均可，绝非通例。”这确实需要证据，特别是技术证据。成为主流观点的“四夷左衽、中原右衽”是因为它们都出自经典，《论语·宪问》中孔子说：“管仲相桓公，霸诸侯，一匡天下，民到于今受其赐。微管仲，吾其被发左衽矣。”意为惟有管仲，免于我们被夷狄征服。《礼记·丧大记》说：“小敛大敛，祭服不倒，皆左衽，结绞不纽。”世俗右衽，逝者不论入殓大小，丧服都左衽不系带子。《尚书·毕命》说：“四夷左衽，罔不咸赖，予小子永膺多福。”四方蛮夷不值得信赖。不用说它们都出自儒家经典，所述之事也都是原则大事，这与后来贯通的儒家右衽图腾的中华衣冠制不可能没有逻辑关系。

争议的另一个焦点是考古发现和文化遗存的左右衽共存。比较有代表性的是河南安阳殷商墓出土的右衽玉人；四川三星堆出土了大量左衽青铜人，标志性的是左衽大立人铜像；山西侯马东周墓出土的男女人物陶范均为左衽；山西大同出土了大量的彩绘陶俑，表现出左右衽共治；山西芮城著名的元代永乐宫道教壁画，系统地表现众天神帝王衣冠，也是左右衽共治。对这些考古发现和文化遗存信息分析，不难发现衽式的逻辑。凡是出土在中原的多为右衽，山西侯马东周墓出土的男女人物陶范均为左衽，翻造后正是右衽；在非中原的多为左衽，如四川三星堆。在中原出现左右衽共治的多为少数民族统治的王朝，如大同出土的北魏彩绘陶俑和元朝永乐宫的壁画。

由此可见，只有满洲的大清王朝似乎比其他少数民族政权更深谙儒家传统。自皇太极1635年定族名为“满洲”，1636年称帝，大清王朝建立，从努尔哈赤到最后一个清帝王御像都是右衽袍服。但这不意味着它没有“被发左衽”的历史，一个很重要的例证就是太宗孝庄文皇后御像，就是左衽大襟常服袍（《紫禁城》2004年第2期）。其中有三个信息值得关注，清早期，女袍和非礼服偶见右衽，这只是昙花一现。进入到清中期之后，女性的代表性非礼服就由氅衣和衬衣取代了，典型的圆领右衽大襟也为各色繁复缘边错襟的表达提供了机会。值得注意的是，十八镶滚缘饰工艺和错襟技术，必须确立统一的右衽式，也就不可能一件袍服既可以左衽又可以右衽。追溯衽式的历史，就结构技术而言，任何一个朝代必须确认一个主导衽式才能去实施，左衽？右衽？必做定夺。因此，“左衽右衽自古均可，绝非通例，”清朝满洲坚守的错襟右衽儒家图腾给出了答案。

七

关于“满族服饰结构与纹样”。纹必有意，意必吉祥，纹肇中华的服章传统在清朝达到顶峰。然而，人们过多关注清代朝吉礼服的纹章制式，如朝服的柿蒂襕纹、吉服的团纹、朝吉礼服的十二章纹、官服的补章等，它们形式布局有严格的制度约束，纹章等级是严格对应形制等级的。而真实反映满族日常生活的却是在满族妇女的常便服上，但捕捉它们并不容易，寻找服饰结构与纹样的规律更是困难。因为根据清律，女人常便之服不入典，实物研究就成为关键。值得注意的是，不论是朝吉礼服还是常便之服，特别是满洲统治最后一个多民族一统的帝制王朝，都不能摆脱国家服制的制约，即便是不入典的妇女常便之服。实物研究表明了深隐的大清衣冠治国与民族涵化的智慧，且都与乾隆定制有关。这在乾隆三十七年的《嘉礼考》上谕可见“国家服制”是如何塑造民族涵化的国家社稷。为了完整了解乾隆定制的民族涵化国家意志，这里将上谕原文呈录并作译文，可深入认识满人如何处理服制的“式”和“文”的关系并治理国家的。

〇癸未谕，朕阅三通馆进呈所纂嘉礼考内，于辽、金、元各代冠服之制，叙次殊未明晰。辽、金、元衣冠，初未尝不循其国俗，后乃改用汉唐仪式。其因革次第，原非出于一时。即如金代朝祭之服，其先虽加文饰，未至尽弃其旧。至章宗乃概为更制。是应详考，以征蔑弃旧典之由，并酌入按语，俾后人知所鉴戒，于辑书关键，方为有当。若辽及元可例推矣。前因编订皇朝礼器图，曾亲制序文，以衣冠必不可轻言改易，及批通鉴辑览，又一一发明其义，诚以衣冠为一代昭度。夏收殷冔，不相沿袭。凡一朝所用，原各自有法程，所谓礼不忘其本也。自北魏始有易服之说，至辽、金、元诸君，浮慕好名，一再世辄改衣冠，尽去其纯朴素风。传之未久，国势寖弱，洊及沦胥，……况揆其议改者，不过云衮冕备章，文物足观耳。殊不知润色章身，即取其文，亦何必仅沿其式？如本朝所定朝祀之服，山龙藻火，粲然具列，皆义本礼经，而又何通天绛纱之足云耶？且祀莫尊于天祖，礼莫隆于郊庙，溯其昭格之本，要在乎诚敬感通，不在乎衣冠规制。夫万物本乎天，人本乎祖，推原其义，实天远而祖近。设使轻言改服，即已先忘祖宗，将何以上祀天地，经言仁人飨帝，孝子飨亲，试问仁人孝子，岂二人乎，不能飨亲，顾能飨帝乎。朕确然有见于此，是以不惮谆复教戒，俾后世子孙，知所法守，是创论，实格论也。所愿奕叶子孙，深维根本之计，毋为流言所惑，永永恪遵朕训，庶几不为获罪，祖宗之人，方为能享上帝之主，于以永绵国家亿万年无疆之景祚，实有厚望焉。其嘉礼考，仍交馆臣，悉心确核，辽金元改制时代先后，逐一胪载，再加拟案语证明，改缮进呈，候朕鉴定，昭示来许。并将此申谕中外，仍录一通，悬勒尚书房。

参考译文：

乾隆三十七年十月壬辰十月癸未上谕：朕阅览三通馆所呈纂订的《嘉礼考》，有关辽、金、元三代的衣冠制度，尚未明确。起初辽、金、元未必没有遵循本国族俗，只是后来改用汉唐礼仪形式。这种因袭的依次变革并非一时之举。以金代朝祭服制为例，尽管先前曾有一些纹饰增加，但并未完全摒弃旧制。直到金章宗时期才大体上完成改制。应详细考察诠释这种改变和蔑视废弃旧典的原因，并酌情附上相应的解释，以使后人知晓应该借鉴的教训，这有助于编撰史书且非常重要。辽、元两代可以此为例类推。在前期编订《皇朝礼器图式》时，我曾亲自写序，强调衣冠不可轻易更改。在审阅《通鉴辑览》时，我又一一阐明其义，诚然衣冠制度是一个朝代的文化彰显，需有一个朝代的样式。正如夏收冠和殷冔（xú）冠两者也并未相照沿袭，每一个朝代都有每个朝代的章程法度，这正是所谓“礼不忘本”的道理。自北魏开始就有了易服之说，到了辽、金、元，人们追逐虚名，一再更换衣冠，尽失朴素风尚。因此难以传续，国势便日渐衰弱，一次次沦丧。更何况那些提出改变的人，无非是说衮冕应齐备章纹，不过满足体统观瞻罢了。殊不知章服饰色润制，即取其章制，又何需限制它的形式?就像我朝所规定的朝祀之服，山、龙、藻、火等章纹齐备，都是合乎礼经的本义，又何必用通天冠、绛纱袍之类?而且，祭祀天祖是最崇高的礼仪，礼仪最隆重的地方在于郊庙。追溯其根本，重点是要诚敬地感应先祖，而不在于衣冠的规制。万物都本源于天，人的根本在于先祖，推究其本义，实际上天离我们很远，祖先更近。如果轻言改变服饰，那已经是先忘记了祖宗，那么又如何虔诚地祭祀天地呢？经言:有德行的人祭祀天帝，孝顺之祀供奉亲祖。试问，仁者和孝子能否是两个不同的人？不能尽孝于亲人，又怎能尽敬于天帝呢？朕对此深有感触，因此毫不犹豫地反复教导和告诫后世子孙，要知道应该如何依循和坚守我们创建的法度。我朝衣冠制度看似是一个创造性的举措，实际上是从格物而致知，穷其礼法本义的论理。故所愿满洲子孙（奕叶子孙）能深刻理解这个根本道理，不要被流言所迷惑，永远恪遵我的这个箴训，以免成为亵渎祖宗的罪人，只有这样才能献享昊天之主的恩赐，厚望国家繁荣昌盛万世无疆。这个《嘉礼考》，仍由三通馆官员务必“其文直，其事核”，逐一详载辽、金、元改制的先后次序，并附拟考证说明，修订完善呈朕，待审定后，并将宣告昭示内外，同时著录尚书房。

乾隆上谕这段文字足见乾隆帝儒家修养的深厚，这本身就说明了国家意志的顶层设计。他揭示了乾隆定制“即取其文，不沿其式”的服制国策。最重要的是，他暗喻满洲祖先创建的国家，自北魏开始就有了易服之说，到了辽、金、元，人们追逐虚名，一再更换衣冠，尽失朴素风尚，因此难以传续，国势便日渐衰弱，一次次沦丧。因此他毫不犹豫地反复教导和告诫后世子孙，要知道应该如何依循和坚守创建的法度。清朝衣冠制度看似是一个创造性的举措，实际上是从格物而致知，穷其礼法本义的论理。他愿满洲子孙（奕叶子孙）能深刻理解这个根本道理，不要被流言所迷惑，永远恪遵这个箴训，以免成为亵渎祖宗的罪人，只有这样才能献享昊天之主的恩赐，厚望国家繁荣昌盛万世无疆。这才有了我们从满族妇女氅衣、衬衣这些便服，将汉制襕纹变成满俗的隐襕，将汉人妇女挽袖纹饰前寡后奢的礼制教化，变成满人妇女“春满人间”的人性自由追求。

八

关于“大拉翅与衣冠制度”。这是从王金华先生提供系统的大拉翅标本研究开始的，它也是满洲妇女的便服首衣。大拉翅所承载的满俗文化信息，或是清朝礼冠所不能释读的，但又可以逆推它的衣冠制度。

大拉翅有太多的谜题值得研究：为什么大拉翅到晚清几乎成为满族妇女的标签；它作为满族贵族妇女常服标志性首衣，尽管女人常便之服不入典章，但它为什么受到当时实际掌权人慈禧太后的极力推崇；从便服系统的氅衣和衬衣来看，春夏季配大拉翅，秋冬季配坤秋帽，这种组配已经主导了当时满族妇女的社交生活，成为慈禧和格格们会见包括外国公使夫人在内的社交制服。客观上以氅衣配冬冠或夏冠的标志性便服，已经被慈禧太后塑造成事实上的礼服，而最具显示度的便是“氅衣拉翅配”，代表性的形制元素就是氅衣华丽的错襟和大拉翅硕大的旗头板与头花。无怪乎在近代中国戏剧装备制式中，形成了以“氅衣拉翅配”为标志的满族贵妇角色的标志性行头，这也在慈禧最辉煌的影像史料中几乎是疯狂的上镜表现，然而在清档和官方文献中甚至连大拉翅的名字都难觅其踪。

大拉翅的称谓、结构形制和便冠定位是在晚清形成的，据说“大拉翅”是慈禧赐名，但无据可考。如果从两把头和大拉翅所保持直接的传承关系来看，其历史可以追溯到清入关前的后金时代。这意味着满族妇女首服从两把头到大拉翅，正伴随了1635年皇太极定族名“满洲”转年称帝建大清一直到1911年清覆灭，近300年的历史。而大拉翅与满俗马蹄袖从族符上升到国家章制的命运完全不同，甚至连它的历史文脉都难以索迹，难道是儒家的“男尊女卑”思想在作祟？事实上，大拉翅最大的谜题是，在清朝不论男女还是礼便首服，没有哪一种冠像大拉翅那样由发髻演变成帽冠形制。它从入关前的“辫发盘髻”“缠头”到入关后的“小两把头”“两把头”，再到清晚期的“架子头”和“大拉翅”，都没有摆脱围绕盘髻缠头发展，只是内置的发架变得越来越大，最终还是脱离了盘髻缠头的“初心”，变成了没有任何实际意义的“冠”。讽刺的是，大拉翅的兴衰正应验了乾隆《嘉礼考》上谕“自北魏开始就有了易服之说，到了辽、金、元，人们追逐虚名，一再更换衣冠，尽失朴素风尚。因此难以传续，国势便日渐衰弱，一次次沦丧”的担忧成了现实。值得注意的是，表面上大拉翅衍变充斥着满俗传统，其实人们忽视了它最核心的部分——扁方。因为不论是小两把头、两把头、架子头，还是变成帽冠的大拉翅，扁方不仅始终存在，还作为妇女高贵的标志。因此，扁方成为大拉翅的灵魂所在，通常被藏家珍视而将冠体抛弃。扁方材质不仅追求非富即贵，而且它的图案工艺“纹必有意，意肇中华”的儒家传统比汉人有过之无不及。大拉翅走到“尽失朴素风尚”的地步，在实物研究中真正地呈现在人们面前，成为清王朝覆灭的实证，所思考的或许有更深更复杂的原因。

九

关于“清代戎服结构与满俗汉制”。清代戎服是满人的军服还是标志大清的国家戎服，从一开始就模糊不清，或是历朝历代从没有离开中华古老戎服文化这个传统，清朝戎服的“满俗汉制”也不例外。这个结论是从完整的清代兵丁棉甲实物系统的研究得出的，特别是对棉甲结构形制的深入研究发现，它们和秦兵马俑坑出土成建制的各兵种、士官、将军等铠甲的结构形制没有什么不同。同时在兵丁棉甲实物研究的基础上拓充到将军、皇帝大阅甲，尽管不能直接获得皇帝棉甲的实物标本，但可以从权威发表的实物图像和兵丁棉甲实物结构研究的结果比较发现。它们的形制都是由甲衣、护肩、护腋、前挡、左侧挡和甲裳构成，只是将军甲和皇帝甲增加了甲袖部分。兵丁棉甲实物结构的研究表明，这些构成的棉甲部件都是分而制之，并设计出组装的规范和程序。这些都是基于实战，以最大限度地保护自己和有效地攻击敌人的设计。这意味着将军甲和皇帝甲也要保持与兵丁甲一样的结构形制。这也完全可以逆推到秦兵马俑成建制的各兵种、士官、将军等铠甲为什么呈统一的结构制式。这不能简单地理解为秦代很早进入“近代工业化生产”的证据，而是“国之大事在祀与戎”的长期军事文化实践的结果。大清王朝无论是时间还是成就所创造的辉煌，都不会忽视“国之大事在祀与戎”的帝制祖训。那么“满洲”在戎服中是如何体现的？清朝的成功或许从满俗融入华统的戎服制度建设可见一斑。

清朝服制是以乾隆定制为标志的，从前述乾隆《嘉礼考》上谕的帝训，可以归结到“即取其文，不沿其式”。但如果审视全文的语境就会发现“即取其文，不沿其式”根据实际情况是会发生变化的，并“故所愿满洲子孙（奕叶子孙）能深刻理解这个根本道理。”这个根本道理就是“我朝衣冠制度看似是一个创造性的举措，实际上是从格物而致知，穷其礼法本义的论理”。因此在大清戎服这个问题上，先要“穷其礼法本义”，这个“本义”就是“以最大限度地保护自己和有效地攻击敌人”总结出来的结构形制的戎服传统必须坚守。清朝戎服规制就不是“即取其文,不沿其式”，而正相反，“即取其式，不沿其文”。“即取其式”是保持它的结构形制传统，“不沿其文”就有机会导入八旗制度：正黄旗、镶黄旗、正白旗、镶白旗、正蓝旗、镶蓝旗、正红旗、镶红旗。这在中国古代戎服制度上确是一个伟大的创举。有学者认为，清朝作为少数民族统治的帝制王朝时间最长，最具成就。这并不在清本朝，而是在清之前努尔哈赤统一建州女真、东海女真以及海西女真大部分的同时创制了满文和创立了八旗制度，这不仅成为皇太极定族名“满洲”、称帝建清的基础，也预示着一个辉煌中华的肇端。

2023年5月13日于北京洋房

目录

第一章

绪 论

清代官方典制《大清会典》和《大清会典则例》历经了五朝修典，构建了多民族统一“满俗汉制”独特的服章系统。清朝建国伊始实行“剃发易服”以示服从于清朝政权，政治目的明确使抗满情绪高涨，这就是清官方对服饰改制提出“十从十不从”[1]的背景。事实上各种史料也表明，在民间汉人确实可不从满俗，特别是女子从礼服到便服都在“可不从”范畴之内，因此清代女性服饰发展显示更为多元的风格和表现形式。满族女子服饰流变过程是满族对于维持本民族文化认同与融入中华民族群体归属意识之间的较量与权衡，而其纹饰与章制正是这段融合过程的历史实证。清代是中国历史上多民族融合的一个高峰，不论其成因是民族间的战争还是潜移默化的民族融合，其结果都是中华民族文化语境下的涵化过程。清代满族女子便服纹样与章制物质文化，是对少数民族统治最后一个封建王朝的中华民族服饰文化自觉认同最真实的具体表达[2]。

1 一说为明朝遗臣金之俊的奏议，二说是秘书院大学士洪承畴提出的，尚未见官方文书记载。

2 中国历代典章，强调礼服入典，便服不入典，在清朝更是如此。这就促成了礼服在制度上的民族融合，便服在情感上的民族融合。而后者则是主观能动的，更显出文化自觉认同的真实性。

一、便服标本研究的文献价值

清代，满族女子服饰以场合不同可分为礼服、常服、便服，便服以其品类样式的丰富性与织绣技艺的精致性成为我国传世古典服饰品类中浓墨重彩的一笔。但由于便服的等级规制低、纹样题材广，个性发挥的空间大，服制典章历来不加以陈述和规范，使得若要完全弄清便服纹饰特征与置陈规律，只有依靠大量流传的实物进行考据和研究，以获得历史实证，才能对便服纹样置陈方式、发展脉络做出判断。因此，以一定体量的传世实物标本为依托，对其进行系统的信息梳理，特别是纹样规律的呈现，具有重要的文献价值。现阶段的清代服饰纹样研究成果，由于难以获得系统的便服实物标本，又缺乏便服不入典的文献支持，所以多数作为清代服饰体系中的一个分支进行客观描述和实物图像呈现。而对便服纹饰与其他清代服饰品类的区别和比较研究，尤其是满汉比较研究，缺乏深入系统的研究结果。该类藏品多出现于主流博物馆的图像资料出版物中，难以得到专业完整的实物研究信息。因此，民间收藏研究就成为关键。在确立本研究课题之前，得到了王金华和王小潇两位收藏家提供的清代便服的系统藏品支持，使得对晚清女子便服纹样进行系统研究成为了可能。

以清代满汉女子服饰的传世标本为线索，可以通过考古学的研究方法，有针对性地对典型标本进行数据采集、测绘与结构复原、纹样复原及对信息进行数字化处理，并通过考据提出问题。结合史料研究，对具体表象的发展过程、文化特征进行考献工作。以比较研究方法探索晚清满汉女子便服纹样教俗表现形式的异同，寻找晚清满族女子便服结构与纹样呈现规律的识别系统，这对认识中国最后一个“章制”[1]时代的服饰多元一体文化特质具有文献建构意义。

1 章制有两种表现形式，即章服与服章。其系统论述见王宇清：《冕服服章之研究》，中华丛书编审委员会，1966。

二、相关文献综述

1. 记录便服的内务府呈稿和服饰图档

清代满族女子服饰纹样有明确章制记载的包括在朝服、吉服等各级礼服之中。文字记载的文献典籍有《清史稿》《大清会典》《大清会典则例》等；以手绘图像形式流传至今的史料，以阿尔博塔大学博物馆藏《皇朝礼器图式》（清内府绘本）和《钦定大清会典图》为代表（图1-1）。清代满族女子礼服文字图像史料记载明确，为礼服纹章面貌提供了较为充分的图像释读信息。与此相比，晚清后开始普遍在满族女子间流行的氅衣、衬衣、褂襕、紧身以及大拉翅等燕居服饰，因其穿着场合等级低，具体款式、纹样规制并无典章记载。但有关便服成造制作的记录，文字文献主要有中国第一历史档案馆藏内务府呈稿、三织造奏案等卷宗，它以条目形式存有上千条晚清宫廷便服织造记录。最具代表性的图像史料在《故宫博物院藏品大系·善本特藏编15：清宫服饰图档》中，其收录了系统的清便服服饰画样（图1-2）[1]。为了大量制作，画样多为局部绣作图样。完整便服款式实际上是由负责制作的手工艺人自行依便服类型搭配完成，而匠人的设计制作方式多为口口相传，当这种便服失去市场需求时，其工艺设计也就渐渐流失了。因此，即使这些“画样”留存到今天，也无法直接从图像史料中得知这些画样的具体设计布局情况，仅仅从图像史料中无法真实完整地反映满族女子便服纹样及其置陈方式的全貌，更不能认识其中的设计动机和技术路线。但晚清女子便服在当时社会生活中穿着频次高、穿着者身份等级限制少，使得其服饰品实物留存数量大，样式丰富。从研究对象的类型特性看，研究晚清满族女子服饰纹样，需要立足标本研究，对证留存文字、画样等史料，才能真实反映其发展路径和形成状况。

---

1 朱赛虹：《故宫博物院藏品大系·善本特藏编 15：清宫服饰图档》，故宫出版社，2014。

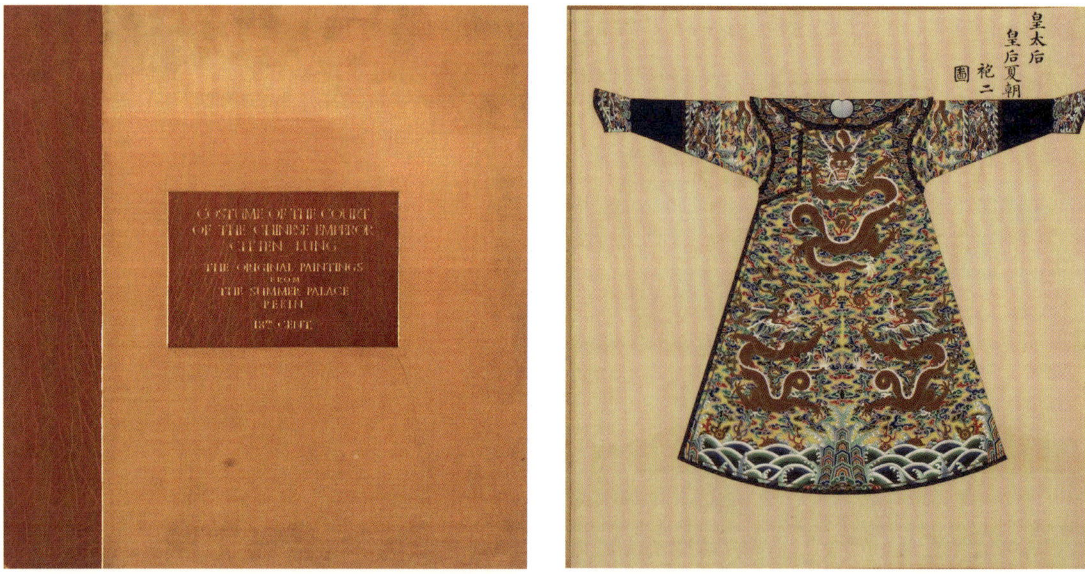

图1-1 《皇朝礼器图式》与清宫朝服画样
（来源：阿尔博塔大学博物馆藏）

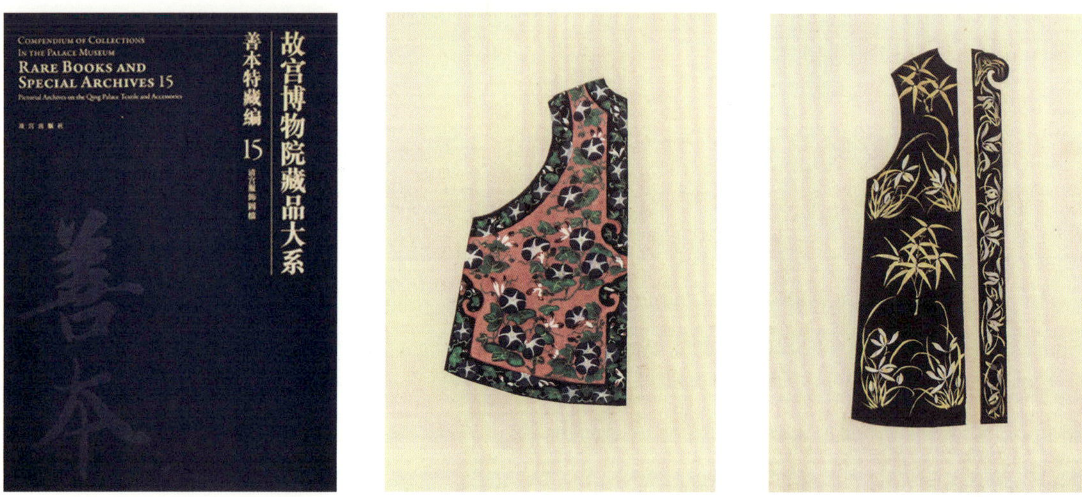

图1-2 清宫服饰图档与便服画样
（来源：《故宫博物院藏品大系·善本特藏编 15：清宫服饰图档》）

2. 关于清代服饰纹样研究

研究满族服饰纹样不能脱离两个基本观察点。一是时间上要放在清代这段历史；这就有了第二个观察点，研究满族不能离开汉族，相反研究汉族也不能离开满族。值得注意的是，现实成果仍不能摆脱“有史无据”的问题。

关于清代服饰纹样研究，自清末民初就有相关研究成果面世，以其内容丰富性形成多种角度和层面的研究题材。中国纹样通史类，有学者田自秉等的《中国纹样史》，它以朝代更迭为轴，纵向研究了中国纹样的发展脉络。其中在清代纹样研究章节中，并没有强调满汉纹样的结合问题，将清代纹样主要分为吉祥纹样、传承纹样和典籍题材纹样三类，在对清代纹样的总结时将视角放到中国古代纹样发展历程中，结合清代工艺技术、理论发展贯通古今纹样历程，融汇中外交流情况，历史性地作出客观评价。郭廉夫等的《中国纹样辞典》，以传统纹样装饰的器物类型为线索进行词条整理，清代织绣品纹样部分列举了服饰实物近二十种，并总结了包括清代在内的中国传统纹样的构成类型。清代织物纹样的专题研究有《中国古代丝绸设计素材图系》，其中绒毯卷、装裱锦绫卷、图像卷、暗花卷等都有清代纹样部分，它以具体材质为线索结合传世品、出土实物绘制其纹样矢量图加以分析，涉及品类范围广泛，呈现了实用的清代纹样设计素材成果。有关清代纹样意涵专题的研究，特别要提的是日本学者野崎诚近的《吉祥图案解题》上下卷。它是以晚清吉祥类型纹饰为主题的研究成果，归纳出吉祥纹饰主要类型，并整理成线稿题解150题，附图440幅，所有图解均有文献可查，是清代古典吉祥纹样研究不可多得的成果（图1–3）[1]。

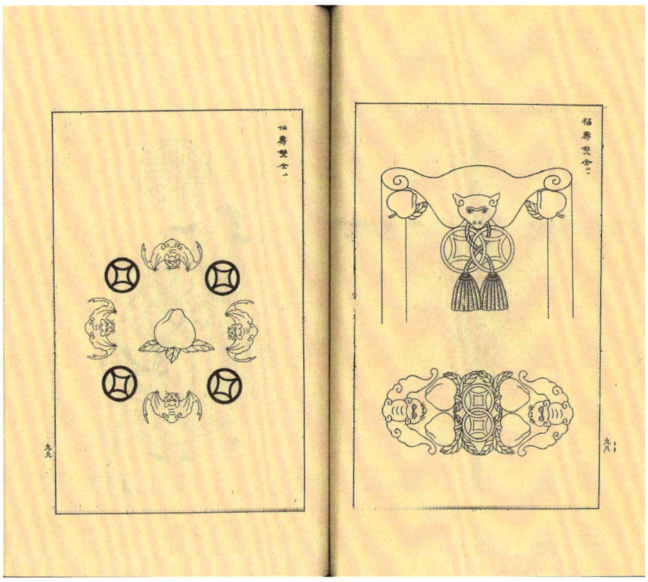

图1–3 清代吉祥纹样图例
（来源：《吉祥图案解题》）

1 野崎诚近：《吉祥图案解题》，平凡社，1940。

在清代服饰纹样织绣技术方面，代表性成果有纺织史学者赵丰的《中国丝绸艺术史》和传统织物专家王亚蓉的《中国刺绣》，清代部分有系统收录。它们从清代工艺技术发展和传统技术层面解析了清代纺织纹样的生产与造型特点。美国学者John E. Vollmer的 *Ruling from the Dragon Throne: Costume of the Qing Dynasty*，通过标本结构对吉服的章纹置陈规制进行研究。作为美国学者的清代服章专题研究实属罕见，这对于清代礼服结构与纹样制度的探索很有启发性（图1–4）[1]。清代礼服结构与纹章规制的专题研究，具有标志性的国内研究成果是《清古典袍服结构与纹章规制研究》。该成果立足标本实证结合文献考证，详细论述了在十字型平面结构主导下清代官袍纹章规制的形成依据和形式样貌，是我国首次从中华服饰结构系统与纹章规制相结合探索清代服饰制度的专著。但它也以清官服为主，并无系统涉及满族便服，这也就为相关研究埋下了伏笔（图1–5）[2]。

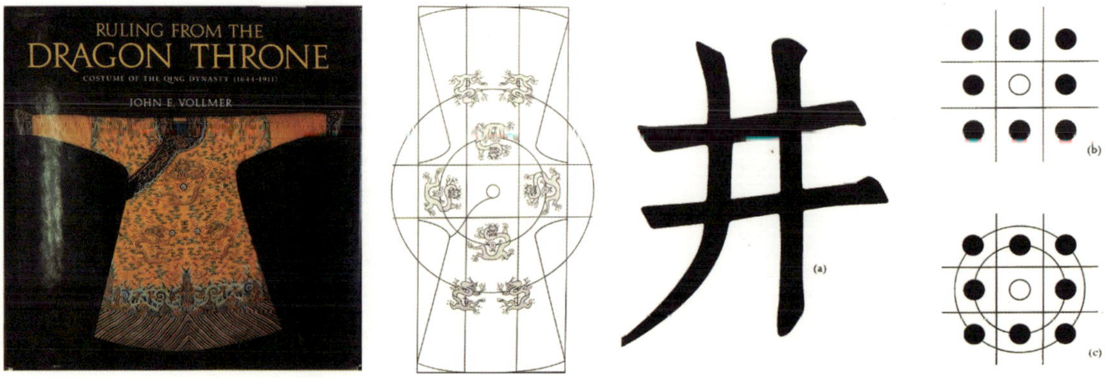

图1–4　美国学者吉服章纹的研究成果
（来源：*Ruling from the Dragon Throne : Costume of the Qing Dynasty*）

1 John E. Vollmer, *Ruling from the Dragon Throne:Costume of the Qing Dynasty* (Ten Speed Press, 2002), p.12.
2 刘瑞璞、魏佳儒：《清古典袍服结构与纹章规制研究》，中国纺织出版社，2017。

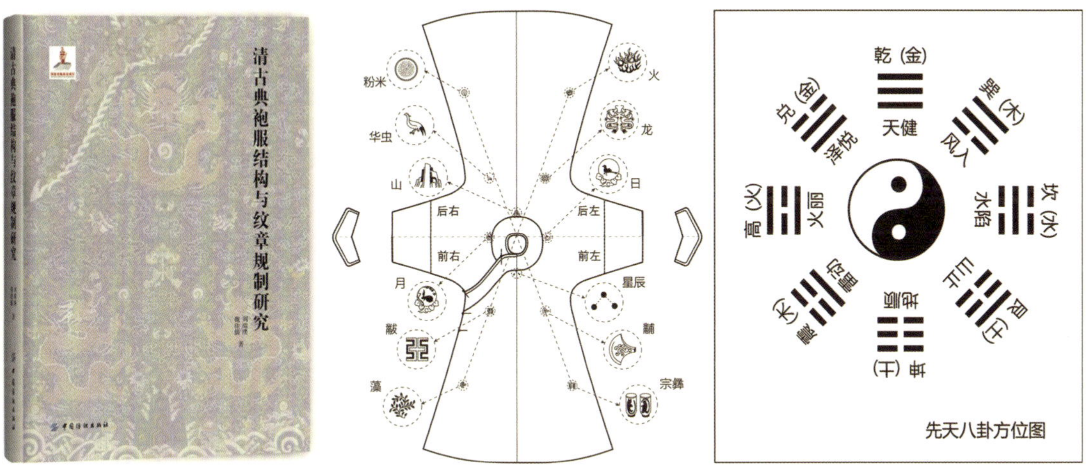

图1-5 吉服结构和十二章纹的研究成果
（来源：《清古典袍服结构与纹章规制研究》）

3. 关于清代宫廷服饰和满族服饰的研究

目前清代满族服饰研究，多从宫廷和世俗两个方面展开，通常以表象的读图面貌呈现。研究清代服饰等级制度与官营织造机构的专家宗凤英针对故宫服饰旧藏结合清官方服饰规制文献整理的《清代宫廷服饰》，对了解清宫服饰制度的整体面貌有所帮助。在满族服饰的专题研究方面，以满族服饰艺术与民俗文化为脉络的研究成果有满懿的《旗装奕服：满族服饰艺术》、曾慧的《满族服饰文化研究》、徐海燕的《满族服饰》等，它们从满族发展过程所形成的民族服饰特征切入，详细叙述分析了清代满族服饰的类型。在对清代女子便服研究中，它们都会从服饰种类、纹样特征进行阐释，通常都不会涉及服饰结构与纹样的关系。专门针对清代女性服饰研究成果有孙彦贞的《清代女性服饰文化研究》，成果从满汉女子服饰传统特征到走向融合，分析了中原服饰与少数民族服饰文化融合的历史，并通过晚清满汉女子服饰类型特征分析其异同，论述了清代满汉女子服饰的双向融合所产生的多样性，对本课题研究很有启发。

基于清代宫廷服饰实物研究的独特条件，清服饰专家严勇等根据故宫收藏整理的《清宫服饰图典》《天朝衣冠——故宫博物院藏清代宫廷服饰精品展》，为我们展示了包括清宫旧藏的朝服、吉服、礼服、便服等及其饰物的各类藏品，涉及类型全面并附有高清实物的相关信息，可以说是清宫服饰系统的实物文献，无论对系统研究还是个案研究都具有权威的实物参考价值。清代女子便服传世品整理发表，以氅衣实物文献的专题呈现要属殷安妮的《清宫后妃氅衣图典》，它以晚清后妃氅衣类型为主题，发布故宫旧藏146件，内容丰富详尽，来源可靠，是清代女子便服研究的重要实物资料。还值得关注的是，晚清服饰收藏家王金华根据所藏整理的《中国传统服饰·清代服装》和《中国传统服饰：清代女子服装·首饰》，它们以丰富而独特的清代服饰藏品及其专业化的细节呈现出版，为清代服饰更深入的研究提供了宝贵的实物资料，为本课题实物研究提供了可拓展的信息基础。

从总体的清代满族服饰纹样文献和研究现状看，涉及晚清满族女子服饰纹样研究的成果不在少数，但专题的学术研究很少。特别是涉及清代实物结构与纹样关系的研究，虽然有礼服、官服的研究成果，但便服的结构与纹样关系的研究很少。这对满族服饰研究至关重要，因为无论是贵族还是庶民的便服都反映了世俗文化。清宫内务府便服呈造档案与旧藏善本便服画样，作为晚清满族女子便服的一手史料并未得到学界重视。由于其未公开发表，研究者尚在少数。对具体纹样称谓的确认、纹样类型、形制规律等研究具有文献价值，但需要结合标本深入研究或可破解“满俗汉制”的谜题，故而成为本课题研究的重要内容。

三、研究范围的界定

基于标本可控制的类型和采集信息的整理情况，研究的时间范围在清代晚期（1796年-1912年），从清嘉庆元年至宣统帝退位。研究类型为便服，也是晚清满族女子便服满汉长期融合最终形成体系化的样式。这种将便服从实用到制式转变的构建在中国古代服饰史中是不多见的，也可以说创造了民族融合的满族范式。因此客观来看，不能先入为主地认为晚清的一切都是一无是处的。从道光年间宫廷画像的图像史料和传世实物中发现，晚清早先出现了贵族妇女日常生活的新变革，于同治时期三织造文献中正式称谓并成系统，从便服系统的紧身、马褂、褂襕、衬衣、氅衣称谓就可以看出，它们虽不入典但并不缺少制度（见图1-6、附录1-1）[1]。

内务府呈稿与奏案是清朝专门服务于皇家的成造文案。内务府是清代掌管内廷事务的特设机构，主要为皇帝及其皇室生活服务，设立于顺治初年，一直到末代皇帝溥仪退位，伴随着整个清王朝的兴亡。内务府虽不属国家权力机构，但在皇天下的帝制时代，有着特殊的地位。到了晚清，内务府成为粉饰没落清王朝的操盘手，从女子便服的呈稿和奏案中便服的奢华程度与礼服完全没有什么区别的情况来看就说明了问题。其详尽记录的晚清满族贵族女子便服的织造内容和规范程度，正是研究满族贵族便服纹样的一手材料。

内务府中负责处理制造服饰的部门包括造办处和各地官营织造机构，织造全宗分为呈稿与奏案。内务府造办处办理绣活处的呈稿指造办处撰拟的文稿，称稿本，即定案的画稿，是内务府进行公务呈上报批或留存归档的稿本。清代原来将官员上奏文书分为“题本”与“奏本”，“题奏制度”继承于明代，以衙门名义呈送的为题本，以京官个人名义呈送的为奏本，清承明制沿袭到雍正朝，后于乾隆年间改“提”为“奏”，一律使用奏本。奏案是奏本的一种特殊形式，即内务府记录各织造任务的完成情况，便是各地织造上报的奏案卷宗。可见，呈稿和奏案是皇家和官属地方织造（清代官属三织造）之间成造往来的文书。

1 根据清宫旧藏内务府档案中同治六年四月初三日江南三织造记录中便服画样与墨字签标注名称证实（见附录1-1）。

紧身（王金华藏）

马褂（故宫博物院藏）

褂襕（故宫博物院藏）

衬衣（王小潇藏）

氅衣（王金华藏）

图1-6　晚清满族便服的五种类型

四、考物与考献的比较研究

1.确定研究方法路径

满族历史上形成三次强大政权，靺鞨的渤海、女真的金和满洲的清，在中国历史上金和清就是满人统治的多民族统一的历史，再加上蒙满不分家的元朝，满人统治中国的历史或许仅次于汉人。满人的服饰文化，形成“满俗汉制”是必然的历史选择，服饰纹样也就不可能摆脱服章和章服制度文化传统。也就是说服饰纹样的经营和样式是靠制度实现的，章制时代，礼制级别越高受帝王意志影响越大，这其中无论是制度还是帝王意志都渗透族属的传统文化，如满族服饰的游牧传统，无论怎么汉化它的基因都在。因此，中国古代社会中，无论何族统治，纹样经营本质上就是依据制度的织物图案行为。服饰制造是没有设计师的设计行业，它在没有设计师的情况下，“制度”的作用至关重要，才可能由画士、挑花匠、透粉匠、织绣匠等合力完成。设计是“羁绊的艺术”，满族古典服饰的纹样经营，也在特定的工艺、技术等物质条件制约下得以实现，同时也受到时代语境下政治、经济、社会、习俗等方面因素的影响。为此，提出考物与考献相结合重考物的比较研究方法[1]。

本研究方法分为两个阶段：第一阶段是实物和文献的信息收集，基于二重考据法，对晚清纹样表现丰富的便服御制进行考物和考献工作。考物对象包括匹料和成衣的样本，使用考古学程序提取实物信息，建立“满族服饰标本图系”。考献重点是对官方图稿和文稿的信息采集。图稿重点是对礼器图式、内务府样稿等进行采录，并建立“满族服饰样稿图系”。文稿考据是对晚清内务府呈稿，江南三织造、绮华馆等承造的来往文本摘录，建立“晚清御制服纹文案”。第二阶段是基于比较研究，对采集的服纹标本图系、样稿图系和文案信息进行整理，并对服纹的满汉族别、男女性别、礼便级别等加以对比，分析其异同。从纹样的命题概念分析到发现新概念的反复修缮，归纳便服纹样经营的一般规律和机制（图1-7）。

---

1 李立新：《设计艺术学研究方法》，江苏美术出版社，2010，第3、10、11页。

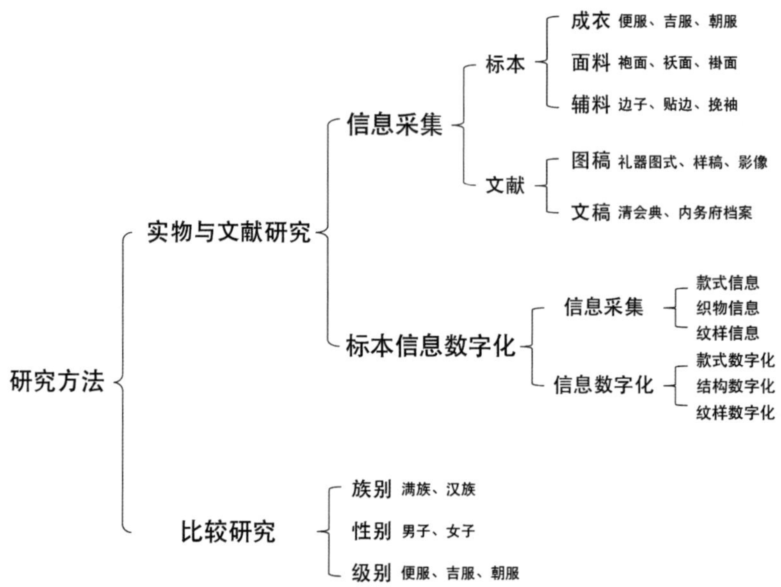

图1-7 实物与文献相结合的比较研究方法和路径

2. 文献研究

取证，既是文献研究也是实物研究的重要目的，但它们都有各自的缺陷，也不能相互取代，必须相互印证，且强调实物研究的重要性，考证才更可靠和有价值。二十世纪上半叶，学术界对甲骨文史料的发现与西方实证科学（以考古学为主导）的引入，使得以古代文献考证为主导的传统研究方法遭到质疑，标志着疑古、释古和考古学术格局的形成。考古学研究方法的加入使考据学走到广深拓展的同时，在观念上也发生了深刻的改变，最具代表性的就是王国维[1]、陈寅恪创立的“二重证据法”。当代国学家饶宗颐[2]提出“三重证据法”不过是把甲骨文独立出来，与王国维把甲骨文深化到考古学没有什么区别。后

1 1925年，由王国维提倡，“吾辈生于今日，幸于纸上之材料外，更得地下之新材料。由此种材料，我辈固得据以补正纸上之材料，亦得证明古书之某部分全为实录，即百家不雅训之言亦不无表示一面之事实。此二重证据法惟在今日始得为之。”

2 1982年，饶宗颐在香港文化研讨会上提出：“必须将田野考古、文献记载和甲骨文的研究三方面结合起来，用三重证据法进行研究，互相抉发和证明。”《谈三重证据法》出自《饶宗颐二十世纪学术文集（卷一·史溯）》，新文丰出版公司，2003，第16页。

来又有一些包括杨向奎[1]、程中原[2]、叶舒宪[3]、杨骊[4]等研究者也都提出多重证据法，事实上都没有跨出考物与考献两大范围，实质上是对取证材料类型和方向的研究。我们和先贤王国维、陈寅恪等这些学术大家相比，更缺乏学术大格局。从逻辑上看，实证和阐释在历史研究中割裂对待的多种方法、多重证据最终还是要回到实物和文献两个基本层面，关键是它们是否能够相互印证或补遗，这也是“二重证据法”不能突破的原因。

本研究也就是肯定服饰物质的实证作用，结合图像、清宫档案等官方文献等研究，试图挖掘表象背后的动机和机制。是先从文献入手，还是先从实物入手，这要看条件，但有一点是不变的，这就是要把课题研究的基本文献弄清楚。

《清会典》[5]和内务府档案就是本课题研究的基本文献。《清会典》是清朝行政法规大全，详细记述了清代从开国到清末的行政法规和各种事项规范，历经康熙、雍正、乾隆、嘉庆、光绪五朝修撰，内容包括宗人府，内阁，吏、户、礼、兵、刑、工六部等职能及相关制度。它们虽然不是营造和成造直接的法规文书，但对其是有指导意义的，特别是礼部。除此之外，还有《清会典则例》和《清会典图》。到晚清，由此呈现的繁文缛节达到极致。就最后一次修典，光绪版《清会典》共一百卷，《清会典则例》一千二百二十卷，《清会典图》二百七十卷，光绪十二年（1886）始纂，二十五年完成。

---

1 “过去研究中国古代史总讲究双重证据，即文献与考古相结合。鉴于中国各民族社会发展不平衡，民族学的材料，更可以补文献、考古之不足。”见杨向奎：《宗周社会与礼乐文明》，人民出版社，1997，序言。

2 程中原基于史学研究角度提出：“通过综合运用人证、书证、物证、史证四种方法，分析研究，使史料成为证据，来考定历史人物的作为，著述，历史事件的真相。这种方法，套用王国维‘二重证据法’的概括，故把它称为‘四重证据法’。其要义是从四个方面寻找史料进行考辨、考释，使之成为证据，得出结论或者证实结论。”见程中原：《国史党史七大疑案破解：四重证据法》，上海社会科学院出版社，2014，第13页。

3 叶舒宪认为，“第一、第二重证据主要是文字文本、第三重证据主要是口传文本，第四重证据则指向文化文本。” 见杨骊、叶舒宪：《四重证据法研究》，复旦大学出版社，2019，第28页。

4 杨骊文中所述的多重证据法，并非独立于二重证据法、三重证据法、四重证据法的新分类命名，而是将前三种囿于多重证据法的演变过程之中。“考察二重证据法到四重证据法的学术演变，在证据方面呈现出从文字文本→口传文本→文化文本的突破，在证明方法上体现了考据学阐释→金石学实证→人类学阐释→考古学、图像学实证与阐释渐次融合的超越路径。多重证据法是中国文学人类学学人努力超越学科本位主义，试图打通文史哲的一种方法论探索。” 见杨骊：《反思二重证据法的局限——兼论多重证据法的演变之必然》，《西南民族大学学报(人文社会科学版)》2014年第4期。

5 也称《钦定大清会典》《大清五朝会典》。

如果说《清会典》是法规文书的话，造办处就是执行机构了。值得研究的是，清朝便服不入典，但在造办处不论是礼服还是便服都是要同等对待的，那么依据是什么？依据就是匠人的画样和呈稿。因此造办处的文书往来能反映清朝贵族的真实生活面貌。作为皇家制造业的专门机构造办处，其档案是皇宫生活中自然形成的原始记录，本无公开意图，仅供内廷和织造局使用，是宫廷织造绣作工艺品权威而系统的历史依据。该档案大部分保存在中国第一历史档案馆。通过对造办处档案的检索和整理，大体上可以呈现有关清宫御用织绣品制造、收藏与管理的完整过程，这本身不仅有文献价值，更是研究晚清御制服章营造最具权威的一手资料。在检索从康熙至宣统有关档案簿册约6000册、折件约7万件中，最有价值而珍贵的是《各作成做活计清档》。它详细记载着服纹的活计规程、所用物料、来源去向等匠作信息，对研究满人贵族服饰的纹样工艺、成造风尚是不可或缺的（表1-1）。

清织造图稿以故宫博物院收藏规模最大且成系统，其中在故宫出版社出版的《故宫博物院藏品大系・善本特藏编15：清宫服饰图档》中收录的女子便服、朝服、吉服、首饰等样稿很有代表性，研究价值很高。在课题前期的标本研究中确定了对应御制的呈稿档案，在对同治时期样稿文献研究中发现，不仅实物和样稿之间高度吻合，还提供了晚清“内廷恭造式样”[1]，由沈振麟、沈贞为代表的如意馆画师们负责绘制并落款记录。零散的样稿还收录在紫禁城出版社出版的《清宫服饰图典》中，主要是礼服样稿。在失散到国外的清宫档案中也有《皇朝礼器图式》彩绘散页，如加拿大阿尔博塔大学博物馆藏《皇朝礼器图式》彩绘散页，为清代女朝服、吉服；英国维多利亚与阿尔伯特博物馆藏男子朝服、吉服的《皇朝礼器图式》彩绘散页；哈佛燕京学社图书馆藏《皇朝礼器图式》乾隆版，其内页有清中期所有朝服、吉服的图文等条例记载，图样为黑白线稿。*Costumes from the Forbidden City*收录有大都会艺术博物馆藏的晚清女吉服样稿一幅。这些清宫典章档案无疑为研究同时期实物提供了不可或缺的文献支持，也为考物与考献相互印证和学术发现提供了最大可能（图1-8）。

1 雍正五年闰三月三日于圆明园来贴：“朕看从前造办处所造活计好的甚少，还是内廷恭造式样，近来虽其巧妙，大有外造之气，尔等再造时不要失其内廷恭造之式，钦此。”见杨伯达：《清代造办处的“恭造式样”》，《上海工艺美术》2007年第4期。

表1-1　清相关典章档案

类型	名称	征引范围	来源
文稿	清宫内务府造办处档案	嘉庆至宣统：56-200册	中国第一历史档案馆 香港中文大学文物馆
	清内务府档案	内务府杭州织造缎绸各项清册第7册：2887-3005	全国图书馆 文献缩微复制中心
	钦定大清会典（光绪）	礼部：卷26-40；内务府：卷89-98	中国第一历史档案馆
	钦定大清会典则例（光绪刻本）	礼部冠服：卷326-328	
	内务府卷宗	呈稿与来文：516363件	
	钦定大清会典图（光绪刻本）	服制：卷30；冠服：卷57-76	德国柏林国家图书馆
图稿	皇朝礼器图式（乾隆刻本）	冠服图式：卷4-7	美国哈佛燕京学社 中日图书馆
	皇朝礼器图式（彩绘散页·女子）	女子朝服、吉服图式（无页码）	加拿大阿尔博塔 大学博物馆
	皇朝礼器图式（彩绘散页·男子）	男子朝服、吉服图式（无页码）	英国维多利亚与 阿尔伯特博物馆
	故宫博物院藏品大系·善本特藏编15：清宫服饰图档	女朝服：1-5；女吉服6-7；女便服：8-44、73-123；呈稿：134（页）	故宫博物院
	清宫服饰图典	男朝服样稿：28、29；女朝服样稿：52、53、56、57；男吉服样稿：92、93；女吉服样稿：96、97（页）	

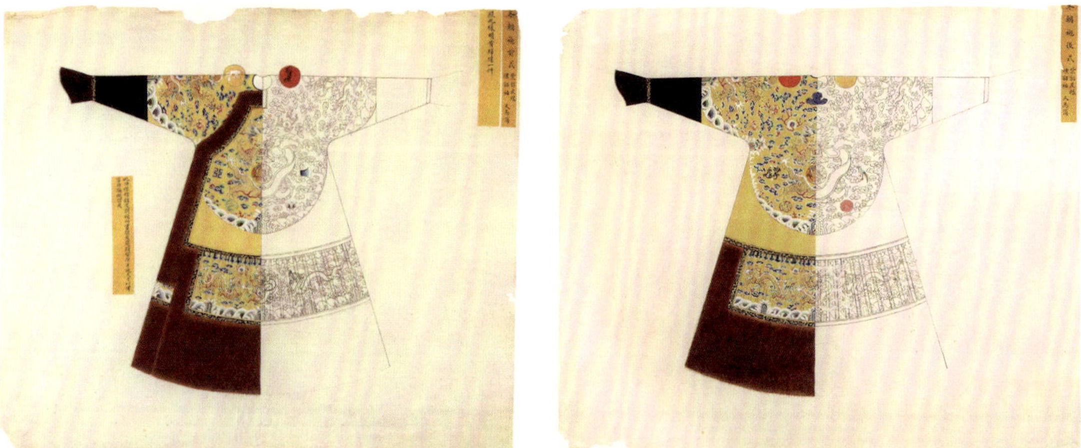

《皇朝礼器图式》朝服样稿

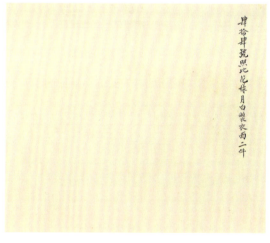

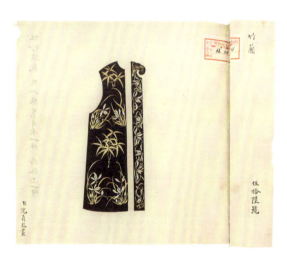

《清宫服饰图档》便服样稿

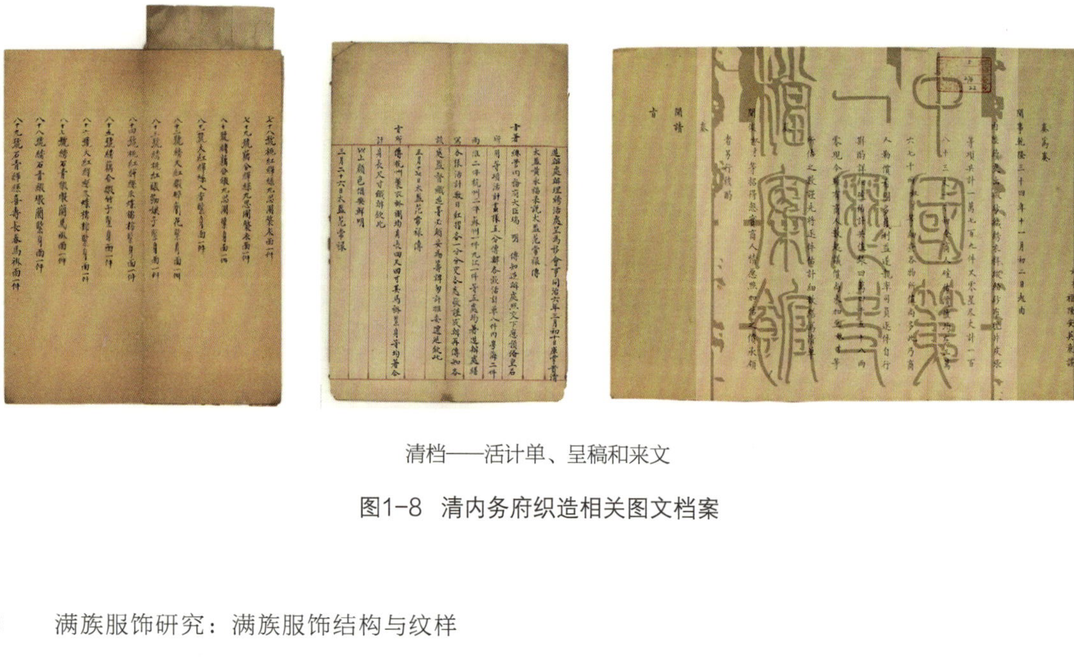

清档——活计单、呈稿和来文

图1-8 清内务府织造相关图文档案

晚清以来影像资料留存较多，仅故宫博物院所藏照片就有近四万张，其拍摄时间最早可以上溯到19世纪，所摄内容以清宫人物、建筑为主，这为研究晚清满族的服饰风貌提供了前所未有的历史资料。在清宫照相留影或成为国家外交的特殊手段，光绪二十九年（1903），清政府驻法国公使裕庚任满回国也带回了照相术和设备，慈禧请来其子子勋为自己拍照。这些御容相除了悬挂宫内以供慈禧欣赏之外，还被赏赐给王公大臣和各国公使夫人，此后清朝皇室形象便频繁出现在西方国家的书籍刊物之上。这种无意的“相片外交”不仅成为晚清独特的“政府行为”，那些存着对神秘中国各种好奇心的西方人也无所不用其极地抓拍，这倒为历史学家提供了真实、生动而深刻的历史考据材料（表1-2）。

表1-2　晚清影像文献

名称	征引范围	来源
故宫藏影：西洋镜里的宫廷人物	25-127页	故宫博物院
北京城百年影像记	273-302页	
紫禁城杂志：老照片里的故宫	14-73页	
故宫珍藏人物照片荟萃	14-207页	
晚清碎影：约翰·汤姆逊眼中的中国	18-62页	中华世纪坛世界艺术馆

此处列举一张晚清旧影，由苏格兰摄影师约翰·汤姆逊于1871-1872年间在北平所拍摄，释像文字为：“满族妇人和女佣。这是北京杨方家的女子，身着华丽的绸缎服装在堆满假山的花园中。”照片中站位在前的是满族贵妇，其身后是她的女仆。两人穿着燕居便服，都是内着氅衣和外搭紧身的配伍。但从双方服饰的细节，不难观察到其中尊卑的暗示：贵妇通身为锦绣缘饰，女仆为

素面缘边；贵妇的氅衣袖口为前寡后奢纹样的挽袖，女仆则是汉俗发髻，挽袖无纹样装饰。汉式挽袖典型的前寡后奢纹样骨式置陈为满族贵族妇女所用，如此也是满俗汉制的实时记录（图1-9）。

图1-9 汤姆·约翰逊于1871-1872年间拍摄的满族妇人和女佣
（来源：《晚清碎影：汤姆·约翰逊眼中的中国》）

今天照相术进入了数字化时代，或是照相术记录实时历史的灾难。因为任何数字照相术记录的影像都可以根据想要的结果用后期数字技术修改，这让照片的实时性大打折扣。尽管如此，它无所不能的便捷性，记录海量信息的功能和介质仍是取得古代实物信息的重要途径，特别是在研究中不可能获取足够多和成系统的古代实物标本的情况下，现代官方的网络文物信息和出版物仍具有重要的参考价值。对于本课题而言，晚清的成衣和匹料的官方网络信息和出版物是采集的重点。值得注意的是，为了保证这些间接文物的真实性和实现深入研究获取尽可能多的信息，特别是实物的结构和技术参数，必须结合相类似的实物研究，可行的方法就是结合私人收藏的标本深入研究（表1-3）。

表1-3　网络、出版物和实物文献

格式	名称	征引范围	来源
网络文献	故宫博物院 数字文物	成衣：男女朝服、吉服、常服、便服；匹料：袍料、边子、贴边、挽袖等	故宫博物院
出版物	清宫服饰图典	男女朝服、吉服、常服：16-167页； 男女便服：212-305页（成衣）	
	清宫后妃氅衣图典	女子便服：10-357页（成衣）	
实物文献	北京-金玉华裳 王金华	吉服2件；女子便服17件	私人收藏
	河北-御绣园 王小潇	吉服2件；女子便服3件；袍料2件	

3. 实物研究

对于清代服饰收藏家藏品的研究，最大的优势就是可以零距离进行考古学式的研究，甚至可以拆分结构，对标本的重要组装部件进行测量和复原，从中发现这些实物外在表象所隐匿的结构机制。由此可以进一步对结构与纹样之间关系深入研究提供实证，对清代服制结构和纹样建立的系统认识或许会有新的学术发现，如晚清便服隐襕的发现。实物史料以故宫博物院发表的藏品为主导，辅以国内外博物馆清代宫廷服饰藏品和私人收藏，进行晚清御制服纹营造问题的考物。对于具有明确出处，信息较完整的实物图像，选择相应的标本进行完整专业化的信息采集形成定量和定性的物质研究基础。

标本信息采集主要包括图像信息拍摄、结构数据信息测绘、纹样信息线稿复原等程序。基于标本的考古标准，应尽量避免强光、暖光长时间照射使织物变色，接触织物标本时应佩戴一次性手套，以免汗液等污染。将标本静置于铺有白色背景布的平台上抚平，且不应被其他物品遮挡或拉扯。拍摄时根据环境布光，相机镜头朝向应尽量于标本呈垂直状态，这些手段的主要目的是尽量减少后期的数字化处理，甚至失掉一些信息也要保证标本的真实性。完成标本外观和局部的信息采集后，使用15倍到50倍放大镜头，分别拍摄标本的刺绣针法和织物组织结构。拍摄时应在标本适当位置放置标尺、校色卡、标本编号，以便图像信息获取后方便地进行校准和归档。

标本图像信息采集后进行结构数据实测，这种测量技术和记录数据至少要有两名专业人员配合完成。首先测量通袖长、衣长、胸宽、袖宽等常规尺寸，然后测量内外关键结构和缘边纹样信息等。注意结构复原软件中弧线需要多点连成，测量带有弧线的尺寸信息，先测弧线总长，然后找到横纵坐标轴上的多个点位，横坐标轴可选与中缝垂直的线段，每间隔5至10cm测量与曲线距离。测绘时需认真观察标本，如服装标本袖底部和下摆拼缝都会做得极为隐蔽，应当留心观察，被其他缘边遮盖时，尝试用手触摸分辨出缝线位置然后测量。所收集的数据在手绘记录时可用不同色彩的笔区分水平数据与垂直数据。在测量如挽袖等重叠面料较多的部位时，应补充横截面结构的说明图。测绘完成后对数据图进行标本名称和编号标注，这是标本结构复原的重要依据。

标本的图像信息和结构信息，为研究服饰纹样提供环境坐标。这不同于传统纹样单要素的研究方法，它为我们提供了纹样意义的艺术和制度环境，即纹样经营与服装结构是存在文化机制的。但采集方法相同，可使用玻璃纸或硫酸纸覆盖于标本表面拷贝。先将织物暗纹等轮廓模糊的纹样优先采集，描摹纹样时注意不要使用尖锐或容易渗水、散粉的笔进行描摹，以免损害污染标本（图1-10）。

图像信息拍摄

图像细节信息采集

结构信息采集

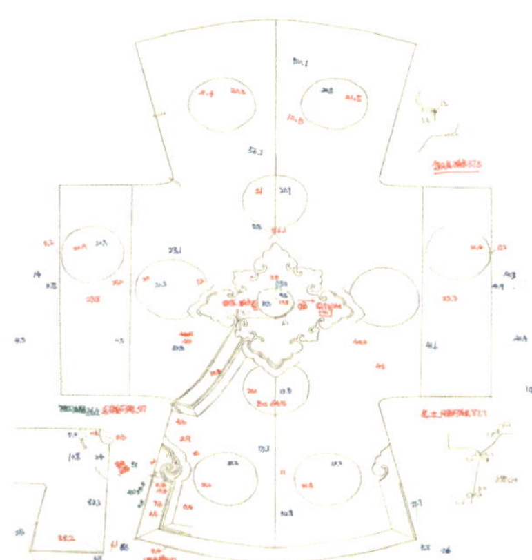

结构信息扫描

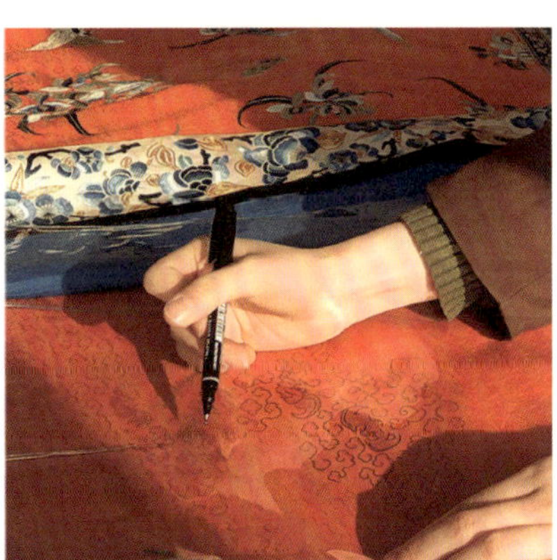

纹样信息采集

纹样信息扫描

图1-10　标本信息采集

标本数字化工作，一方面对易于损害的古代服饰进行信息备份，是一项保护文物和利用文化遗产的基础性工作，本身就具有文献价值；另一方面研究者在利用数字技术绘制复原标本的过程中，可以模拟整个标本制作过程，基于制作过程还原的数字化，得到对包括纹样在内的标本结构层面各种信息的深度理解。

依照标本信息测绘中的数据，先在专业制板软件中完成结构图复原，其中包括标本的面料结构、衬里结构、饰边结构等，并存储为BAK和PGF两种格式。将其导入Adobe Illustrator中，标注相关尺寸信息，结构图线稿统一规范，以便后期标本组合成系统文档（图1-11）。标本结构图完成后，复原数字化图稿（样稿），图稿基于标本拍摄图校色后确定。暗纹如织物底纹，应在实物采集时完成；织绣纹样，可在标本采集时做一个单元的图像扫描，也可以根据拍摄的纹样细节图进行电脑矫正后直接摹绘实体复原（图1-12）。根据标本结构的实体复原图，结合实物的工艺信息，就可以合理地复原其匹料构成。由于实物匹料已剪裁成实物，因此合理地复原应注意幅宽等因素。根据晚清传统织机幅宽、技术等限制作合理复原，如袍料幅宽一般在80cm以内，当然材料不同，幅宽也不尽相同，还有特制的饰边等（图1-13、图1-14）。

研究古代服饰纹样的标本结构数字化至关重要，它包括标本的主结构、衬里结构、排料复原图、边子复原图、挽袖复原图、袍料复原图、标本内贴边复原图（应用PGF、PNG、AI、JPG格式）。如果把纹样的形制、骨式、布局等信息加入，就会有重要的学术发现，隐襕的发现就是如此。

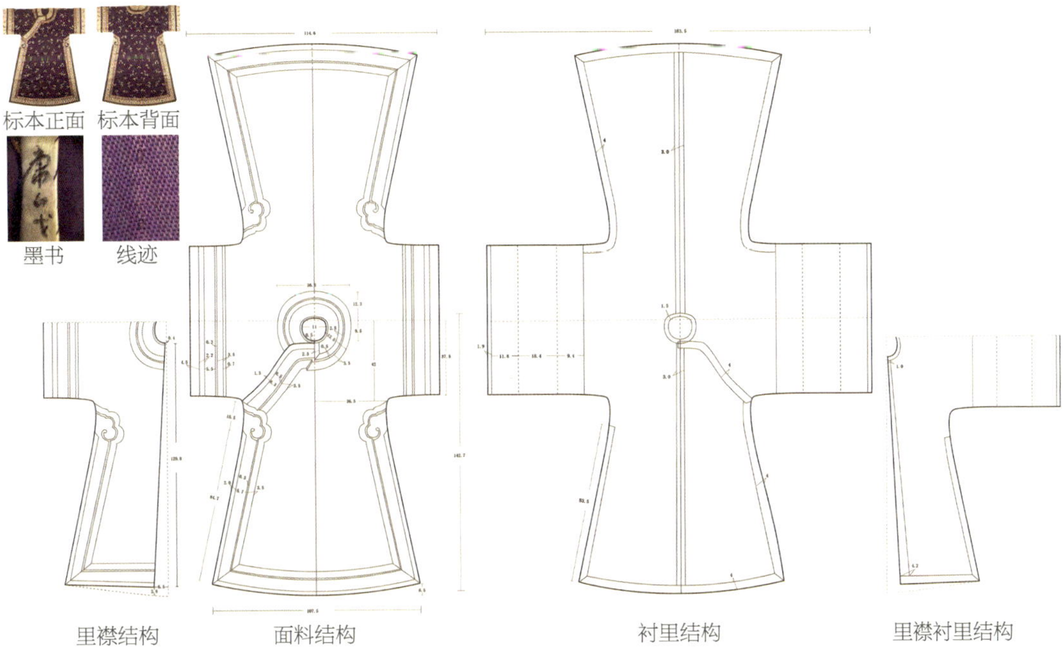

图1-11　标本结构图数字化

图1-12　标本结构实体复原图

万字纹贴边

花蝶纹贴边

葫芦蝶纹挽袖

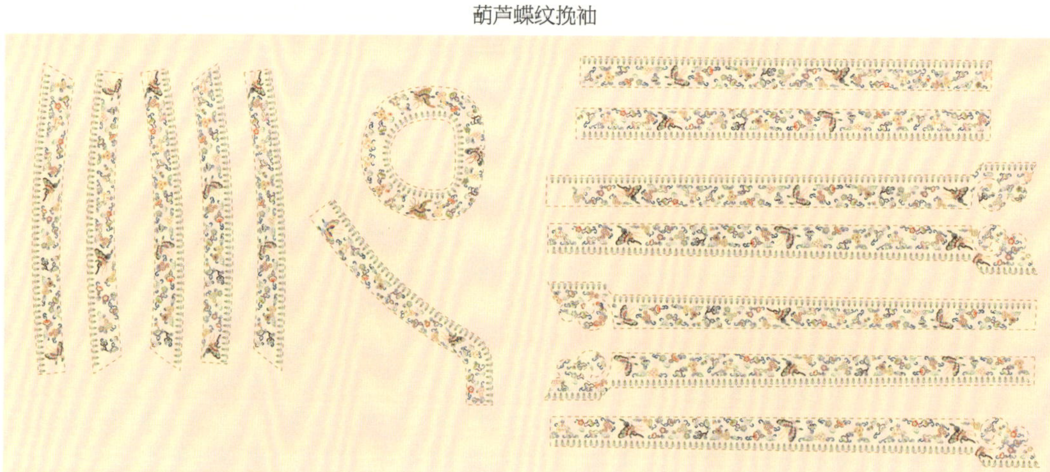

葫芦蝶纹边子

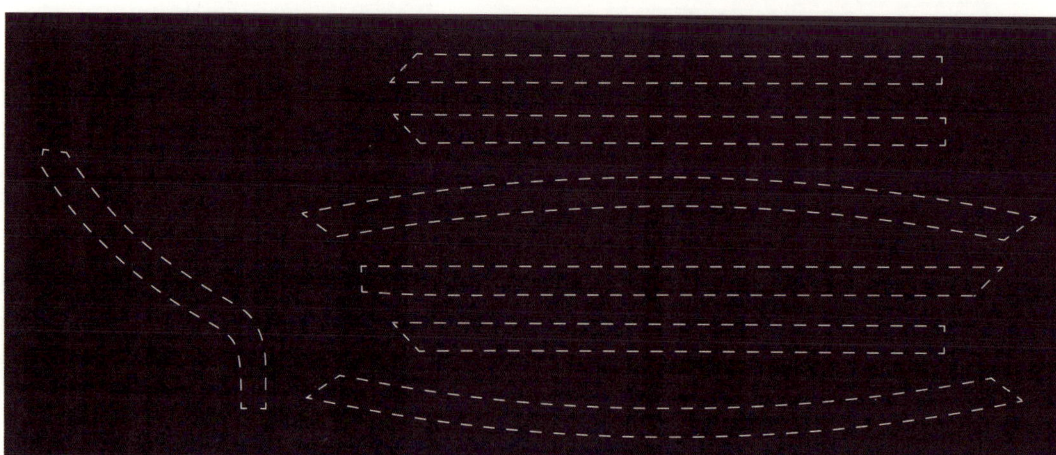

内贴边

图1-13 标本饰边匹料复原

面料大襟纹样

面料衣身纹样

“万葫芦”单元　“寿葫芦”单元　“大吉葫芦”单元　“福葫芦”单元　“禄葫芦”单元

刺绣万寿大吉福禄葫芦纹

图1-14　标本面料纹样复原

标本数字化具有研究的管理功能，这是现代科学研究的显著特征。面对大量原始资料都需要依据一定的标准进行分类，并对资料逐项编码。编码的作用有二：一是当需要时可根据分类目录快速查找；二是通过编码可以从资料中发现初级数据，再以更大范围的资料去审视修正初级数据，即草根理论研究范式中从开放编码、关联式编码到核心式编码的研究路径。对于标本，大部分研究对象都是没有数值形式的，对于非数字化问题及答案，必须先进行编码，也就是给每一个问题以及答案一个数字作为它的代码，根据已确定的答案转化成可统计的数字，为下一步分析提供依据。在统计时可以学习社会学研究中的定量资料分析方法，先制定一份具有基本原则和统一规范的编码簿，使得编码的意义简明易理解，可供多人使用。将编码簿和所有编码对象整合就形成了数据库，本研究数据库根据资料形式不同，首先分为“标本图库”“样稿图库”“影像图库”和“卷宗文库”四大数据库。

现阶段所获得标本数据量为1025件，主要为晚清满族成年男女所着服装，服制等级包括朝服、吉服、衮服、便服。由于男服实物均为满制，因此男服无族别。加入部分汉族女服，为便于后期研究满族女服纹样营造规律，做横向的满汉族别对比（表1-4）。

表1-4 实物数据来源

来源	男朝服	男衮服	男吉服	男常服	男便服	男服匹料	满女朝服	满女吉服	满女常服	满女便服	满女匹料	汉女吉服	汉女便服	汉女匹料	信息类型
北京-故宫博物院出版物（G）	5	2	7	5	1	3	8	23	5	183	1				图像、款式、纹样、织物等信息
北京-故宫博物院网络信息（GE）		76		18		11		12	3		258				
北京-北服民族服饰博物馆（B）			9		7			1		5		1	116	10	
北京-清华大学艺术博物馆（T）			3			6				3			2	14	
多伦多-皇家安大略博物馆（R）		1	4			326				2	1				
纽约-苏富比（S）											1				
丹佛-丹佛艺术博物馆（G）			4			3				2				1	
北京-金玉华裳王金华（J）								2		17		2	24		图像、结构、纹样、织物等信息
河北-御绣园王小潇（Y）								2		3	2		10		
总计	5	79	27	23	8	349	8	40	8	215	263	3	152	25	1205

4. 比较研究

晚清国学大师王国维提出考献和考物并重的二重证据法，是基于甲骨实物的考证，发现了史记记载的错误，这对于当今服饰文化研究“有史无据”现象具有重要的指导意义，也成为学界研究的基本方法。另外学术界认为二重证据本身就是具有比较学研究的基本方法，这就是实物与文献比较研究的相互印证，是最可靠基本的比较学研究方法。具体到清代满汉女子服饰纹样的研究问题上，以文献记载的线索为导向，筛选出有效的标本实物，通过实物研究分析纹样特征，但客观特征如果不以文献为考述，仅以现代人的思维逻辑是无法正确推理的。因此，对课题研究注重以考献与考物并重，互为导向便是科学可靠的研究路径。

比较研究的最初运用，可追溯到古希腊亚里士多德所著的《雅典政制》。该书对158个城邦政制宪法进行了比较。19世纪以后,比较研究逐渐成为重要的研究方法之一。进行族属的满汉比较，是根据清代纹章制度建构的实际情况而定的，在清代，人口和文化发展程度占主导地位的汉族与政治军事占主导地位的满族，构成清代服饰纹章的主要特征。在清代纹样研究上，通过满汉服饰比较，深入到满汉中男女服饰比较、再到女子礼服与便服的比较，研究中处处存在比较的思维并加以利用，会发现研究对象并非完全对立，而是在对立统一中试图找出清代女子服饰纹样章制的基本规律，提供具象化的纹饰表征，其结果的重要发现是满汉文化影响的客观联系和背后蕴含多元一体的中华文脉。然而比较研究不可能涵盖清代服饰纹样特征的各个方面，因此需要有选择地对清代服饰纹样进行主要方面的考察,辅以其他影响因素加以考证说明。有比较,才有鉴别，只有鉴别,才有认识，通过满汉服饰纹样的比较研究才能更好地理解中华民族形成多元一体的文化格局所具有的历史必然性。

第二章

满洲族源与服制纹章体系建构

满洲祖先发祥于东北地区北部，这片土地上曾经孕育出肃慎、挹娄、勿吉、靺鞨、女真等多个部落氏族联盟，并在中国历史上形成了三次强大的政权，靺鞨政权的渤海、女真政权的金和满洲政权的清。由于满族祖先在漫长的部落氏族社会和短暂的奴隶制社会发展史上，没有延绵不断的封建等级制传统，因此需要依赖中原服章制度进行重构。满族史上三次服制体系的建构，与中原王朝一样，根本的目的在于辨等威，分尊卑，表德行，才可以维持和推进强大的政权。纵观满族政权的周期性兴起过程，每次政权的建立都意味着一次全新服饰制度的建立，呈现出递进与重构不断平衡的发展过程。这种间歇性重构过程之间虽无直接的服制继承关系，但从不缺少民族之间的学习借鉴与融合，特别是持续地与中原汉族服饰制度的交流。事实上，在服装形态上所构成的元素几乎很难剥离哪些是满族哪些是汉族，就是纯属满系的马蹄袖大拉翅等也是如此。可见满族的历史就是一部民族融合与交流的历史。

一、肃慎、挹娄、勿吉、靺鞨的满族部落联盟时代

我国东北地区，自旧石器时代早期就有人类居住。在今辽宁地区，发现了旧石器早期和中期的多处文化遗存，这里的气候与华北一带相近，寒冷干燥，此时人们已会用火、管火，以狩猎为生。又在今辽宁、吉林、黑龙江等多处亦发现了旧石器时代晚期的文化遗存，辽宁省凌源县西八间房出土了大量与华北细石器制作工艺相似的骨针、渔叉以及动物牙齿做成的装饰品。新石器时代，东北地区的人们普遍居住在半地穴式的房屋，绝大多数的陶器上都压印着弧线纹和弦纹。不同的是，在经济生产上，其南部开始以原始农业为主，辅以渔猎和饲养家畜，而其北部仍然以渔猎经济为主。此时，东北地区以亚热带偏北的纬度地理环境孕育出了三大族群，东北北部的肃慎系统、东南部的秽貊系统和西南部的东胡系统[1]。

在没有文献记录的石器时代里，通过东北地区多处出土实物和地质勘测证明，东北地区自旧石器时代早期便有人类生活，经济的生产方式普遍以渔猎为主，纬度偏低一些的地方气候接近华北地区，相对温暖湿润，出现了种植谷物和饲养家畜的自然经济。骨针和装饰品的出土，说明了石器时代的东北民族已经形成服装和佩戴饰品这种和我国同时期其他文明类型相同的早期服饰文化。东北地区北部，以肃慎集团为代表，所处的“山林之间，土地极寒”的地理气候环境，决定了这个民族日常生活必须要解决御寒保暖问题，其狩猎、饲养猪犬的经济生产方式又决定了其服饰材料、技术和形态，这种以外部生存环境为服装决定因素的现象，持续作用在东北早期部落氏族社会的肃慎服饰文化中，也就决定了满族先民的服饰基因和底色。

相比于黄河流域的汉族，生活在东北的民族虽有独立的语言，却长期未形成利于记录其民族发展历史的文字系统。因此，当今对于满族族源的演化过程高度依赖非本民族记述的文字资料，尤其是汉字文献。中原人通过朝贡、听闻等方式了解东北地区民族分布状态，与中原完全不同的部落联盟社会形态被记载于史。事实上，东北地区始终为松散部落氏族的社会结构，虽然各部族间生

---

1 东胡、秽貊、肃慎：《中国古代的民族识别》有关东北地区民族识别：“至新石器时期已经在东北地区形成的三大民族集团。即东北地区东南部的秽貊集团，东北地区西部今内蒙古东部和与今吉林、辽宁交界一线的东胡集团，黑龙江省东部和俄罗斯远东地区的肃慎集团。”

活环境、经济模式大致相同，但部族的兼并分化频繁，在服饰、婚丧习俗上又略有差异，形成共识往往是与中原的交流而归正。

据史料记载，居住在长白山以北[1]的肃慎集团以其向周武王进贡“楛矢石砮”[2]而闻名。历史上对于肃慎的记载大约在五帝至南北朝，存续时间最长。东汉出现挹娄，南北朝出现勿吉。南北朝至唐则是靺鞨，靺鞨后又分裂出黑水靺鞨。在南北朝的北齐时期，二十年内曾出现肃慎、勿吉、靺鞨分别来中原朝贡的现象。《北齐书·文宣帝纪》：“天保五年（公元554年）秋七月戊子，肃慎遣使朝贡。”《北齐书·后主纪》：“天统五年（公元569年），是岁，高丽、契丹、靺鞨并遣使朝贡。”《北齐书·后主纪》：“武平三年（公元572年），是岁，新罗、百济、勿吉、突厥并遣使朝贡。”整个南北朝是肃慎、勿吉、靺鞨来中原朝贡比较集中的时期，南北朝后期达到高峰，说明东北多个氏族部落联盟长期共存在隋唐以前就形成了。《新唐书》又准确指出了东北地区多个民族部落所在地点的不同，《新唐书·渤海传》载：“初，其王数遣诸生诣京师太学，习识古今制度，至是遂为海东盛国，地有五京、十五府、六十二州。以肃慎故地为上京，曰龙泉府，领龙、湖、渤三州。其南为中京，曰显德府，领卢、显、铁、汤、荣、兴六州。……挹娄故地为定理府，领定、潘二州；安边府领安、琼二州。……拂涅[3]故地为东平府，领伊、蒙、沱、黑、比五州。”[4]当时它们统称为渤海国，各州的地理分布是以不同集团的故地加以归属，说明肃慎、挹娄、勿吉的地理位置非同一处，并已形成了完备的行政区划，且得到中原政府的准许。无疑这就是《新唐书》所说，渤海国“其王数遣诸生诣京师太学，习识古今制度”的结果。满族先民服饰制度文明的一个重要标志就是能否摆脱生存束缚，其中的重要推手就是与中原先进文化的交流借鉴。

满族先民是居住在东北地区的少数民族，自先秦开始，一直处于部落氏族

1 《晋书·四夷传》：“肃慎氏在不咸山北。”不咸山，即今长白山。
2 《国语·鲁语下》：“武王克商……肃慎氏贡楛矢石砮，其长尺有咫。”
3 拂涅指勿吉七部之一，故地在今黑龙江省东南部的牡丹江流域。
4 [宋] 欧阳修、宋祁：《新唐书》，中华书局，1975，第6182页。

社会当中，它的后期是以多个部落联盟存在。这种组织集团与其说是联盟关系，不如说是吞并关系，这也是氏族社会的基本特征。这些同源异流的部落联盟，以肃慎出现的时间最早也最久。各部落之间势力此消彼长，强大的部落则由于前往中原朝贡或势力扩张而为中原所知，这就是史料记载最多的肃慎、挹娄、勿吉、靺鞨和女真。它们的社会制度结构，不是君权制，而是酋长制。邑落各有酋长，酋长为世袭。生产方式以渔猎、猪犬饲养为主要的自然经济，有独立的语言，无文字，穴居。通过史料研究来看，各个部落的称谓在不同历史时期各不相同，这不意味着其他称谓不存在，只是此消彼长。不同部落联盟的势力发生了改变，史学家会更加关注强者，但不意味着势弱的联盟消失了。中国的整个历史也是如此，宋代的历史其实还有并行的辽金西夏，清代的历史其实还有一个南方的南明政权，这种情况历朝历代都不同程度地存在着，史学研究的价值也在于此。就满族的肃慎、挹娄、勿吉、靺鞨部落而言，不仅它们之间存在着紧密联系，也不仅仅只有这四个部落。但无论如何，它们共同所处的地理位置造就了以渔猎、饲养猪犬为主的生产方式。所谓文化的差异性，则是对包括生死在内的生存事项理解的不同，使部落之间的婚葬等习俗表现出明显的不同。服饰便是最集中的表现。尽管如此，表现形式也不能在最终摆脱“初心”。部落联盟早期服饰以兽皮、布为主，冬天还会涂上一层猪油以御寒，夏天则裸袒仅用尺布遮蔽前后。后期女子穿布裙、男子着猪犬皮裘，头式为编发，以野猪牙为饰品，头插豹饰、雉尾。史料记录的信息正是如此（表2-1）。

表2-1 根据史料记载宋代之前东北地区部落联盟社会形态的文化特征

部落	肃慎	挹娄	勿吉	靺鞨	黑水靺鞨
跨度	五帝至南北朝	东汉	南北朝	南北朝至唐	唐至五代
社会结构	相盗窃，无多少皆杀之，故虽野处而不相犯。其国东北有山出石，其利如铁，将取之必先祈神	无君长，其邑落各有大人。好寇盗邻、无俎豆。自汉以来臣属夫余	邑落各自有长，不相总一	父子相承，世为军长	其酋曰大莫拂瞒咄，世相承为长。离为数十部。各酋自治
语言	无文墨，以言语为约	人形似夫余，而言语各异	言语独异	俗无文字	无文字，无书契
居住	夏则巢居，冬则穴居	常为穴居，以深为贵，大家至接九梯。作厕于中，圜之而居	筑城穴居，屋似形冢，开口于上，以梯出入	地卑湿，筑土如堤。开、凿穴以居，开口向上，以梯出入	负山水坎地，梁木其上，覆以土，如丘冢然。夏出随水草，冬入处
经济	有马不乘，但以为财产而已。无牛羊，多畜猪，食其肉	有五谷麻布，出赤玉好貂。无井灶，作瓦鬲，受四五升以食。坐则箕踞，以足挟肉而啖之。得冻肉坐其上令暖。无盐铁，烧木作灰，灌取汁而食之	其国无牛有车马，佃则偶耕，步则推车，有粟及麦穄，菜则有葵。水气咸凝，盐生树上，亦有盐池，多猪无羊。嚼米酝酒，饮能至醉	相与偶耕，土多粟麦穄。水气成盐生于木皮之上。其畜多猪，嚼米为酒，饮之亦醉	畜多猪，无牛羊，有车马，田耦以耕，车则步推。有粟麦，多貂鼠，白兔，白鹰。有盐原气蒸薄，盐凝时颠

（续表）

部落	肃慎	挹娄	勿吉	靺鞨	黑水靺鞨
跨度	五帝至南北朝	东汉	南北朝	南北朝至唐	唐至五代
服饰	衣猪皮，绩猪毛为布。有树名雒常，若中国有圣帝代立，则其树皮可衣。俗皆编发，以布作襜，径尺余，以蔽前后	衣豕皮。冬以豕膏涂身，厚数分，以御风寒。夏则裸袒，以尺布蔽其前后	妇人服布裙，男装猪犬皮裘……头插虎尾。婚假，妇人服布裙，男子衣猪皮裘，头插武豹尾	妇人服布，男子衣猪狗皮	俗皆编发，缀野豕牙，插雉尾为冠饰
军事	檀弓三尺五寸，有石砮，皮骨之甲	勇力，善射，楛矢石镞	劲悍，善射，猎以石为镞	角弓及楛矢	忍悍，善射猎
婚俗	将嫁娶，男则以毛羽插女头，女和则持归。然后致礼聘之		初婚之夕，男就女家执女乳而罢，便以为定，仍为夫妇		
葬俗	死者，其日葬之于野，交木作小椁，杀猪就其上，以为死者之粮。父母死，男子不哭泣，哭者谓之不壮		父母春夏死，立埋之，冢上作屋，不令雨湿；若秋冬，以其尸捕貂，貂食其肉，多得之	死者穿地埋之，以身衬土，无棺敛之具，杀所乘马于尸前设祭	死者埋之，无棺椁，杀所乘马以祭

注：表格信息根据以下文献编列。肃慎包括《晋书·卷九七》等，挹娄包括《后汉书·卷八五》《三国志·卷三〇》《通典·卷一八六》《通志·卷一九四》等，勿吉包括《魏书·卷一〇〇》《北史·卷九四》《通志·卷一九四》等，靺鞨包括《隋书·卷八一》《旧唐书·卷一九九下》《唐会要·卷九六》等，黑水靺鞨包括《新唐书·卷二一九》《文献通考·卷三二六》等。

二、渤海国"悦中国风俗，请被冠带"

渤海国是我国历史上第一个以肃慎系统的民族为统治地位建立的北方地方政权。渤海国开国国王为大祚荣，粟末靺鞨人，生长于唐朝营州，因营州之乱[1]起兵反唐，被唐击败后逃回靺鞨，后联合靺鞨、高句丽等势力四处攻城伐地占领和吞并了大量的东北土地和部族，于公元698年筑城定都，自立为靺鞨王，尊称大氏，对外称大震国，治下逾十万户。公元705年派遣儿子大门艺入唐宿卫朝廷，表示臣服于唐。玄宗开元元年（公元713年），唐朝出使辽东并封大祚荣为渤海郡王，赐予国号渤海，至此正式确立与唐朝的藩属关系，成为唐朝隶属的一个边州府郡，即忽汗州和渤海都督府。当渤海国建立后，以粟末靺鞨为政治权力的核心民族，以其为主又吸纳了包括靺鞨、高句丽、契丹、奚、室韦等部族形成一个多部落合流的民族地方政权，之后渤海国内所有百姓就被称为渤海人。在政治制度上，对王室成员有明确称谓，官员有品级，各品级官服不同，但"大抵宪象中国制度如此"[2]。渤海人使用文字为汉字，可见学习汉文化意愿强烈，如大钦茂在位期间，唐朝五次派使者访问渤海，渤海国王不仅"数遣诸生……习识古今制度"，还三十六次派遣使者访唐，有时一年派遣多达四五次。服制上渤海"悦中国风俗，请被冠带"的"中国制度"，服制服章有了明显的等级区别，"以品为秩，三秩以上服紫，牙笏，金鱼。五秩以上服绯，牙笏，银鱼。六秩、七秩浅绯衣，八秩绿衣，皆木笏"[3]。这在考古发掘中也得到实证。

渤海国墓葬发掘有两处，1949年发掘渤海贞惠公主墓和1980年发掘贞孝公主墓，两墓葬均遭受了较为严重的毁坏和盗掘。两个公主墓中墓志碑各一方，贞惠、贞孝公主墓中墓志均为楷书汉字，序文为典型唐代骈体文[4]记述其一生经历。铭文表达了赞颂之词，通篇引用《诗经》《易经》《汉书》《庄子》《论语》《礼记》等汉文经典。保存有珍贵服饰图像史料的是贞孝公主墓中的三面侍者壁画，十二侍者穿着唐制盘领束带长袍，头戴幞头或系抹

1 营州之乱，696至697年，契丹大贺氏部落联盟在首领李尽忠、孙万荣的领导下，因不满营州都督赵文翙的压迫而在东夷都护府发动的一场反抗战争，后被武周联合后突厥汗国镇压。

2 [宋] 欧阳修、宋祁撰：《新唐书》，中华书局，1975，第6183页。

3 同上。

4 骈体文又称骈文、骈俪文或骈偶文，是一种文体，起源于汉代，盛行于南北朝。全篇以双句为主，讲究对仗工整和声律铿锵。

额，可见唐风服制为渤海国服制（图2-1）[1]。

渤海国在政治制度、文字和服制上，完全承袭唐朝，是一个高度汉化的从部落联盟过渡到封建制度的社会体制，并有过一段文化繁荣期，史称“海东盛国”。渤海国灭亡前夕，人口多达七十万，聚居在今天的黑龙江省南部、吉林省和辽宁省。辽代灭渤海国后依然保留其贵族势力，被称为渤海人，其地位仅次于契丹人。在辽金两代，大部分渤海人融于汉族之中，少部分加入了高丽，到了元代成为汉人八种[2]之一，消失在民族融合的历史当中。满族或本就是这种民族融合的华丽变身，服装形态或许给出了最直观的答案。史料证明就是最早期的满族服饰都从左衽变成了右衽，圆领右衽大襟是永载着大唐盘领右衽大襟的中华基因本就是胡俗传统，这种标志性物质文化的交流与继承在渤海国之前就开始形成了（见图2-1）。

图2-1　渤海国贞孝公主墓壁画的唐风服制

（来源：《通古斯族的历程：从湖畔渔歌到中原礼乐》）

1 王承礼：《唐代渤海〈贞惠公主墓志〉和〈贞孝公主墓志〉的比较研究》，《社会科学战线》1982年第1期。

2 《辍耕录》载：“曰契丹、曰高丽、曰女真、曰竹因歹、曰术里阔歹、曰竹温、曰竹亦歹、曰渤海。”见王云五主编、钱大昕撰：《十驾斋养新录3》，商务印书馆，1935，第205页。

三、女真金国的“兼承辽宋”

1.金国的章服体系

女真所建金国是中国最辉煌的满族政权之一，或为清朝政权的崛起打下了基础。唐末五代始见史料记载，女真由七个氏族部落组成。1115年，女真各部在完颜阿骨打的带领下建国，国号大金，建元收国。此后，女真族与汉族人口双向流动，在金统治的一个多世纪里，先后进行了多次人口迁徙。收国二年迁女真人两千户屯宁州，后陆续向黄龙府、泰州、辽州等地迁女真民众数万户。金太宗时，将大部分女真人迁入关内。金灭辽，经过征战占领了淮河以北的大部分区域。在文字制度上，《金史·完颜希尹传》记载：“希尹乃依仿汉人楷字，因契丹字制度，合本国语，制女真字。”[1]在服饰制度上，“金初得辽之仪物，既而克宋，于是乎有车辂之制”[2]。说明初期女真人学习辽的舆服之制，因为辽的契丹和金的女真本就“同源异流”，为此北方民族的不同部落联盟，金“得辽之仪物，既而克宋”不过是政治上的宣示，表达自己的礼仪规范继承的是辽而非宋，实际上在服饰的制度和执行中仍然没有脱离宋制。到了金熙宗开始采用汉制，并修典昭告，“政教号令，一切不异于中国”[3]。在《金史·舆服志》中还特别强调，“章宗时，礼官请参酌汉唐”。可见汉统的章服制度被金人完整地继承下来。

据《金史·舆服志》所述，皇帝凡大祭祀、加尊号、受册宝，则服衮冕。行幸、斋戒出宫或御正殿，则通天冠、绛纱袍。衮服在青罗上绘五彩纹饰，纹样包括日、月、升龙、山、华虫、火、虎、蜼。裳罗地绣粉米、黼、黻。皇后袆衣为罗地织翚翟纹，领、褾、襈上织云龙纹；中单领织黼纹，褾、袖、襈织云龙纹。裳、蔽膝为罗地上织翟纹，褾、襈织云龙纹。太子入朝起居及与宴，则服朝服，其视事及见师少宾客，则服小帽、皂衫、玉束带。太子朝服五章在衣，包括山、龙、华虫、火、宗彝；四章在裳，为藻、粉米、黼、黻；蔽膝二章，为火、山。臣下朝服均为绯罗，在配饰上区分品级，按品级以分纹饰的是绶带，正一品为天下乐晕纹，正二品为杂花晕纹，正四品为白狮纹，御史中丞

1 [元] 脱脱等：《金史》，中华书局，1975，第1684页。
2 同上书，第1672页。
3 [元] 脱脱等：《宋史 9》，中华书局，2000，第9549页。

为青荷莲纹，正五品为簇四金雕铜狮纹，正六至七品为黄狮纹。由此可见，从天子朝服到官员朝服，其纹章制度与北宋基本一致，可谓女真金国服制的“兼承辽宋”。

金代官员公服，纹皆用章服以别品级：三师、三公、亲王、宰相一品饰径不过五寸的独科花纹，执政官饰径不过三寸的独科花纹。二品、三品饰径不过寸半的散搭花纹。四品、五品饰径不过一寸的杂花纹。六品、七品服无纹。《舆服志》还对纹章进行了解释，散搭花为无枝叶者，杂花为花头碎小者。官员纹饰上得兼下，下不得僭上。这正是通过章服对汉统封建等级制度的继承。

在女子服饰上，金初盛行汉风，后官府曾下令不许改汉姓以及学南人的装束，此外还有着辽服的现象：“妇人服襜裙，多以黑紫，上遍绣全枝花，周身六襞积。……此皆辽服也，金亦袭之。”[1]

金代服装结构则显示与辽的继承关系。学者李甍将契丹袍与女真袍进行结构对比后，发现辽金两朝在服制上存在血缘关系的实证，指出金代女真采用辽代的袍服结构，契丹和女真的民族传统袍式均为后开衩袍，只在袍后开衩的高度以及外接片的宽度上存在差异。事实上，金代的服制是对宋辽杂糅后的继承，特别在服装的结构形制上有明显的表现，这也在《舆服志》中被记录下来。如“金人之常服四：带、巾、盘领衣、乌皮靴”，盘领衣作为常规制式显然是从唐宋的盘领袍继承而来。妇女服饰是由襜裙和团衫组配的，“襜裙……周身六襞积。团衫……直领，左衽”，这显然是汉人的习俗。实际上金人服饰是左右衽共治的。

2. 金对宋成造制度与织绣技术的继承

在成造制度上，金代继承了北宋的官营织造系统，设立裁造署、文绣署、织染署、文思署等，其机构设置与北宋基本相同，只是在名称上将“院”改为“署”，其中负责服饰纹样绣作的文绣署用工达数百人。朝廷还在真定、平阳、太原、河间、怀州等六处设立绫锦院。金人为了学习北宋的

1 [元] 脱脱等：《金史》，中华书局，1975，第1686页。

织造技术，长期输入北宋大量的布帛与汉人的织造工匠。如金天会五年正月，金人强令开封府遣送手艺染行户、少府监、将作监、文思院等处匠人，充实其本国官营作坊。吸纳北宋的织造人才和织造技术，客观上推进了在北宋、辽、金博弈时期女真族的织造业。袭辽旧制与引宋匠才的政策，使得金代女真服饰风格必然外显辽、宋、金多民族文化特征，这在考古发掘中也得到证实。金代丝织品出土并不鲜见，其中有汉人墓也有女真人墓。值得一提的女真人墓是黑龙江阿城金代齐国王墓，墓主为金代贵族，出土金代女真贵族男女服饰丝织品四十余件。这不仅填补了金代女真服饰的空白，也为研究金代女真服饰的满汉交流史提供了纹样特征的可靠线索。据史料可考，完颜晏为金初齐王，官居一品太尉，加衔开府仪同三司使[1]，其身旁陪同殉葬女性据推断为完颜晏的姬妾。男子服饰品包括头饰、内衣、内袍、外袍、袜靴、配饰等。女子头戴花珠冠、抹额，服饰包括内衣、襜裙、团衫、内袍、外袍、绣花鞋等，这便为《金史·舆服志》提供了重要的实物证据。男女均身着成套服饰品，搭配完整，纺织品纹样丰富，多达十八种，纹样包括植物、动物、神兽、文字、几何纹、情景组合等。仅植物就记载有小杂花、朵花、散搭花、栀子花、萱草花、朵梅、全枝梅、牡丹卷草等称谓。动物纹则包括云鹤、翻鸿、蝶纹等。神兽纹包括云龙、团云龙、夔龙、鸾纹等。文字与几何纹有通袖和膝襕上的条状阿拉伯文字铭文等。如此均出自汉制族融的表现，却集于满族祖先女真人身上。

牡丹卷草印金暗花罗缀珠大带，系于女子外袍腰部，纹样为牡丹卷草纹。纹饰工艺为彩绘，这种独特的彩绘工艺流行于宋、辽、金以及西夏时期。它是采用植物和矿物颜料彩绘在织物表面形成的纹饰，先将花团部分绘刻成印版，统一使用泥金印在大带上，再运用泥金手绘，将团纹周围填充卷草图案。证据是所有的团花均大小内容相同，只是在旋转角度和排列上有微小的错落，而卷草纹样每一簇均不相同，且大带左右完整的卷草纹样无左右对称关系，由此可以认定大带的团花卷草纹是通过团花印板加卷草纹彩绘完

1 三司使，唐朝长兴元年始设三司（盐铁、户部、度支）使，总管国家财政。宋初沿旧制，三司总理财政，成为仅次于中书、枢密院的重要机构，号称“计省”，三司的长官三司使被称为“计相”，地位略低于参知政事。

成的。在纹样的形式上，团纹中两朵盛开的花卉以喜相逢的形式相对而置，整体团纹呈太极骨式，中间空余饰以枝叶，这种重花团纹构图既有唐代遗风又有西域的输入，成为这一时期的流行样式，可以说是金承宋制的表现。同时期在新疆阿拉尔出土的北宋织锦残片上出现了相同骨式的团纹，只是花纹内容换成了莲花。另外卷草纹更是从唐代起就十分盛行，本就是丝绸之路民族文化交流的产物，这说明金代女真族同中原服饰文化交流密切，结合女真民族尚金的风俗，制成了具有本民族特色的卷草印金大带（图2-2）。

具有满族传统的贴补绣，在金齐国王墓中见到了实物，它是在女子身上的棕罗云龙纹贴补绣抱肚）。贴补绣是将一种面料裁制出纹样的形状钉于需要装饰的纺织服饰上的装饰工艺。这件抱肚将较浅色罗剪出云龙纹状，下衬一层绢，然后沿着云龙纹的边缘在棕罗上放置并圈上金边。抱肚上云龙纹龙首朝向和间隔交错式排列并不十分规则，这是手工操作的痕迹。贴补绣在后续几百年的发展过程中逐渐成为满族民间刺绣的传统，发展为之后的补绣和挖绣一直延续至今，或许清朝的补服制与此有联系（图2-3）。

墓葬中绿罗萱草绣鞋则采用的是钉金绣工艺来表现纹样。它的高贵之处，是将金箔线按罗地上的花型所需，逐一剪下布满花型轮廓内，再用丝线和金箔线以平行稀疏的针脚钉在罗地之上。钉金绣的纹样装饰工艺出现于晚唐，并在辽金时期得到了广泛运用，在辽代耶律羽之墓中出土的紫罗地绣团窠对雁残片就是实证。这种工艺在金代得到继承，《金史・舆服志》中称钉金绣为“金条压绣”（图2-4）。

从金齐国王墓出土的丝织品看，女真纹饰具有四个特征：一是大量使用了具有汉俗的纹饰图案，比如宜男锦、牡丹卷草、朵梅鸾章；二是龙纹饰于女子，鸾纹饰于男子，龙凤图案未出现性别区分是金人的时代特征，或是金人借用汉人龙凤纹赋予本族内涵；三是动物多成对出现，如对鹤、对鸾、翻鸿等；四是纹饰颜色尚金。值得注意的是，在大口裤内侧绣有“内省”字样，它至少说明两个问题，一是金代官方文献中所记载的官营织造机构，是继承以宋官营制度为体系运行和管理的；二是汉字是金国的官方文字（图2-5）。

图2-2 金齐国王墓花卉卷草印金大带
（来源：《金代服饰——金齐国王墓出土服饰研究》）

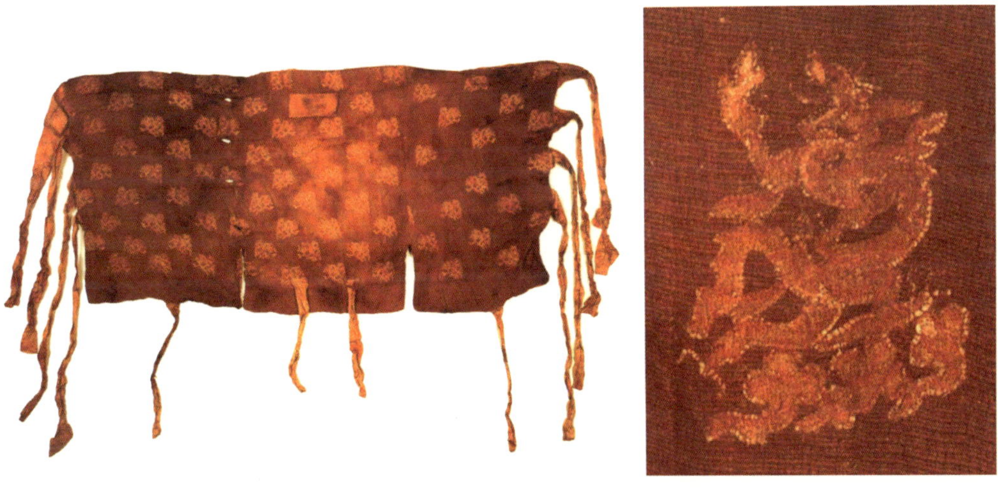

图2-3 金齐国王墓云龙纹贴补绣抱肚
（来源：《金代服饰——金齐国王墓出土服饰研究》）

图2-4 金齐国王墓绿罗萱草钉金绣鞋
（来源：《金代服饰——金齐国王墓出土服饰研究》）

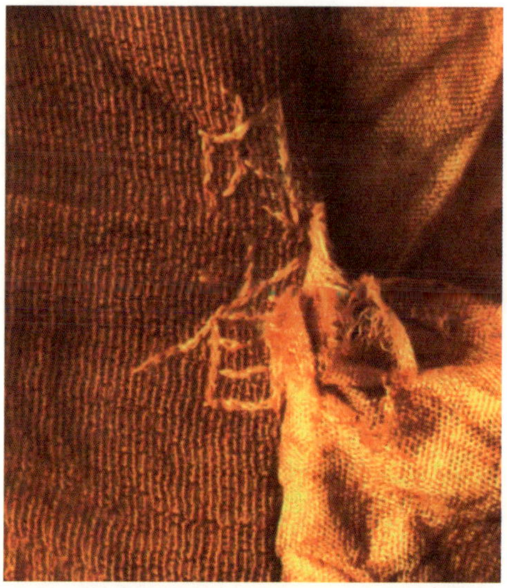

图2-5　金齐国王墓大口裤绣“内省”字样

（来源：《金代服饰——金齐国王墓出土服饰研究》）

在金代，女真人兼学辽宋封建制度，建立了统一的文字和服制体系。在文字上，运用汉字和契丹单音节拼组的方式创立女真汉字。从服饰上看，兼学宋辽服饰制度创建金代服制系统，服饰结构接近于契丹，服章制度沿袭北宋。织造技术通过引进宋朝匠人和模仿宋朝建立官营织造系统。金代是东北地区满族的第二次兴起，比起渤海政权规模更大，建立统一的文字与服制意识更加强烈，从兼承辽宋到民族融合形成女真的金代服制，对后代元清的少数民族统治提供了民族文化融合的经验和范本。金熙宗（1141年）后随着南宋向金称臣，史称“绍兴和议”，全盘汉化的政策被摒弃了。到1187年，金朝再次申明禁止女真人使用汉姓，不得习南（宋）人的服俗，是清朝满洲人或需要引以为戒的前车之鉴。

四、元明使女真族到满族的华丽变身

1234年，金被元所灭，事实上是宋蒙联军攻占金朝最后的政治中心蔡州（今河南汝南）推翻了金政权。而宋蒙同床异梦，是蒙人借助宋朝抗金的意愿积蓄军事力量和政治资本，终于忽必烈接受了汉臣的建议，于1271年建国，国号为“大元”。然而蒙古族和女真族有很深的族源关系，是典型的同源异流，这也就是今天学界视东北民族“满蒙不分”的历史渊源。因此蒙元时期女真族不仅没有被压制反而成为“培育”的时代。元朝，针对不同地区的女真人与蒙人的亲疏不同，管辖方式也不相同。《元史·世祖十》：“定拟军官格例，以河西、回回、畏吾儿等依各官品充万户府达鲁花赤，同蒙古人；女直、契丹，同汉人。若女直、契丹生西北不通汉语者，同蒙古人；女直生长汉地，同汉人。”[1]元代女真人分布地域进一步扩散，甚至一些在与蒙古、汉、契丹等族混居后，已不通女真语。唯有继续留在东北故土的女真族仍保持本族语言与风俗。

明朝虽然强调恢复汉统，但实际执行的是“明承元制”，明朝官服中仍在沿用曳撒、贴里、褡护等蒙人称谓和形制就说明了问题。因此女真和蒙人一样成为怀柔的对象，甚至成为多民族统一的地方政权，且保存着他们的区域文化。据史书记载女真主要分布地域在“东濒海，西接兀良哈，南邻朝鲜，北至奴儿干、北海。”明朝女真曾为藩属，中后期以管辖区域将女真划分为多个部分：东南部设立建州卫，管辖当地女真，形成建州女真；以黑龙江流域，围绕海西卫形成海西女真；在极远处，政府势力难以掌控的地方，则被称为野人女真。

自宋至清尽管迭代频繁，实际上金人和女真文化始终产生着影响，也就是满族文化的影响在我国近古历史中产生着举足轻重的作用。元明时期是金灭亡后文字、服制逐渐消亡，到后金政权建立新的文字和服制体系的过渡时期。这中间仍有一段时间沿用女真字，明朝对东北女真各部的敕谕一向用女真字，直到明英宗正统十年（1445年），宣城卫指挥使撒升哈等奏：“臣等四十卫，

---

1 [明] 宋濂等：《元史》，中华书局，1976，第268页。
2 南炳文、汤纲：《明史·下》，上海人民出版社，2014，第965页。

无识女真字者，乞自后敕文之类，第用达达（蒙古）字。”[2]此后，存续了两百多年的女真文字逐渐成为死文字。这些史料说明，明朝汉、蒙、女真等不同民族文字是共用的，且根据实际情况，适合用什么文字就用什么文字，可见民族融合的宽松度。

明末，努尔哈赤在女真发源地之一的赫图阿拉建立了自己的政权，治下已经超出了原本女真人的范畴，大量其他民族融入这个新兴的政治集团，女真也从原来的族人泛称变为专指平民阶层的专称。这也昭示着明末女真从部落氏族社会跨越到了封建社会，或是从女真到满族的华丽变身。原来“女真之俗，不相为奴”的传统一去不回了。努尔哈赤在原本的女真社会组织牛录基础上进一步完善，迅速将征服的各部组织起来。三百人为一牛录，每一牛录设一牛录额真；五个牛录为一甲喇，设一甲喇额真；五个甲喇为一固山（即一旗），设一固山额真，这就是八旗制的雏形。在八旗制度下“天的子是汗，汗的子是诸贝勒、诸大臣；诸贝勒、诸大臣的子是民；额真的子是阿哈”[1]。八旗制的建立使得广大女真人被编入八旗旗主统属的牛录，成为贝勒的属民，称为“某旗贝勒的诸申”[2]，诸申是女真的另一译写形式，诸申可以转让。初时努尔哈赤承认为明的藩属，为建州卫主。建州曾作为地名使用，隶属明廷，作为藩国存在。后努尔哈赤以金后裔自诩，借此笼络人心，宣扬天命所归，其带有一定政治目的，而非来自金政权的后裔。由于明忌讳宋金之事，后金为减少汉人抵触而讳称金。

史料表明，在1583年，建州女真部爱新觉罗氏的努尔哈赤起兵反明，发展过程中先后吞并建州女真、海西女真以及部分野人女真，使得自元代起长期处于分散状态的女真部落凝结成强大的民族势力。1603年，努尔哈赤于赫图阿拉城（今辽宁新宾）建都；1616年，建立大金国，史称后金，这也可以理解为金国女真的民族复兴。1621年，努尔哈赤迁都沈阳，大量女真人随之迁到辽宁的中部地区。1635年农历十月十三日，皇太极诏于天聪九年改“诸

1 《旧满洲档》第三册，第1234页。
2 日本白河文库本《大清三朝实录》卷25：天聪九年十月二十四日皇太极口谕为“某旗贝勒的诸申”。

申”（女真）为“满洲”，从此满洲代替女真为族名。1636年，皇太极于盛京正式称帝，改国号为清。在此之前制度建设就开始了，其中最关键的是创制满文。在努尔哈赤所建的后金就意识到文字的重要性。1599年，努尔哈赤命额尔德尼和噶盖在蒙古文字的基础上创制满文。然而，创立文字系统是非常困难的，但努尔哈赤仍然坚持，“汉人念汉字，学与不学者皆知；蒙古人念蒙古字，学与不学者亦皆知；我国之言，写蒙古之字，则不习蒙古语者不能知矣。何汝等以本国言语编字为难，以习他国之言为易耶？”满族服饰习俗上则体现无分贵贱，上下同服的特点。从《建州纪程图记》中一段朝鲜使者与满洲大臣的对话可以侧面印证：“佟羊才曰：‘你国宴享时，何无一人穿锦衣者也？’臣（申忠一）曰：‘衣章所以别贵贱，故我国军民不敢着锦衣，岂如你国上下同服者乎？’羊才无言。”这种氏族服饰文化的思维并没有维持多久，清建国立制对明朝封建帝制加以继承，改朝易服的章服制度自然要改变满族服饰的一切习俗。

五、清朝“取其章不沿其式”

满人入主中原之初，由于长期处于部落氏族文化的传统，上下同服，并没有完善的等级封建服制体系。太宗皇太极于天聪六年议定官员服制，顺治元年因政权未稳，服饰制度短暂实行了“满汉二班”制度，于顺治二年谕领各处文武军民剃发易服。服制改革社会反响强烈，为缓和民族矛盾，清政府采取了一定的怀柔政策，史称“十从十不从”。但清政权为维持满人政体，服饰上实行满俗汉制，在保留祖训的基础上仍然遵循着“今承前制”的修典传统。康熙二十三年（1684）开始编纂《大清会典》，开启了清朝服饰制度化的序幕，并于乾隆三十一年发布《大清会典》和《钦定皇朝礼器图式》，象征着清代服饰制度的定型。它在保持满人祖俗又在华统上传承有序，创造了帝制服饰的清朝范式，这可以说是满人在中华服饰文化建构上的巨大贡献。

辽、金、元衣冠，初未尝不循其国俗，后乃改用汉、唐仪式。其因革次第，原非出于一时。乾隆对于清代如何制定服制典章时曾有过一番总结：“即如金代朝祭之服，其先虽加文饰，未至尽弃其旧。至章宗乃概为更制。是应详考，以征蔑弃旧典之由。衣冠为一代昭度。夏收殷冔，不相沿袭。凡一朝所用，原各自有法程，所谓礼不忘其本也。自北魏始有易服之说，至辽金元诸君，浮慕好名，一再世辄改衣冠，尽去其纯朴素风。传之未久，国势寖弱。况撰其议改者，不过云衮冕备章，文物足观耳。殊不知润色章身，即取其文，亦何必仅沿其式？如本朝所定朝祀之服，山龙藻火，粲然具列，皆义本礼经，而又何通天绛纱之足云耶？”[1]清代服饰制度的确立，是基于对满族政权多民族统一的服饰制度的反思，从前朝之鉴认识到完全沿袭汉制不利于清朝政权的稳固，故应当在本民族制式之上，取汉制纹章，这就是满式为体、章制为统的乾隆定制。

具体在纹章的继承来看，并非简单的照搬前朝，表现出取其元素改其式。因此，如今我们可以看到，明清两代皇帝礼服，虽都采用十二章、龙纹、江崖海水纹，却以本朝释意给出不同的组合排列形式，也因此成就了两代舆服之制。纹样在清代的作用比历代都更为突出，一是由于男女服饰在结构上差异是历代最小，多为内袍外褂或马甲的形制搭配；二是不同阶级间的形制差异小，

1 乾隆三十七年奉谕，出自赵尔巽撰、许凯标点：《清史稿・卷99~卷115》，吉林人民出版社，1995，第2063页。

同一品类的服装纵向看不出穿着身份的不同，是以功能决定了形制。这也是清定制依游牧元素多寡决定服制等级的原因，显示出满族游牧文化“上下同服”的遗留痕迹。

等级最高的是礼服，包括朝服和祭服，今天看来属于正式礼服。在清代，只有皇帝才有祭服，其余人朝祭服合一。嘉礼庆典时皇帝、后妃宫眷和王公文武官员均着朝服；而吉礼祭祀时，除皇帝着祭服外，其余人仍着朝服。祭服“袖同衣色”，而朝服“袖异衣色”。男子礼服的服装包括端罩、朝褂和朝袍（或祭服）,女子礼服包括朝褂、朝袍和朝裙。

吉服，等级仅次于礼服，相当于今天的准礼服，是在举行筵宴、迎銮、重大吉庆节日等一应嘉礼以及其他吉礼、军礼活动之时穿着。吉服也称盛服，包括吉服袍和吉服褂。男子吉服袍无接袖章，宗室皆为前后左右四开裾，文武官员前后两开裾。女子吉服袍有接袖章，均为两开裾。就礼服而言，无论是等级还是男女，只要是同一个服装类型都是相同的结构形制，标志性的元素就是保持马蹄袖和开裾的组配（游牧传统），等级的区别只在服色和纹章的制式，补服制度便是“取其章不沿其式”的集中反映。

常服，穿用于一般性较正式场合，如在祭祀的斋戒期内遇先帝忌辰，祭前一日皇帝恭视祝版，及经筵、恭上尊谥、恭奉册宝等场合，要穿用常服[1]。从故宫所藏常服看，男女均有常服，包括常服袍、常服褂。此外，男性特有的服饰类型还有行服、雨服、戎服，也都是在稳定制式的基础上以纹章辨尊卑（图2-6）。

1 严勇、房宏俊、殷安妮主编：《清宫服饰图典》，紫禁城出版社，2010，第3页。

朝服组配

吉袍

吉褂

常服

图2-6　清代满族女子礼服系统

（来源：故宫博物院藏）

便服是帝后、妃嫔等宗族及女官、命妇等贵族平时社交活动、居家休闲或走亲访友、接待客人时所穿的服饰。它是从明朝贵族的燕服发展而来，但结构形制完全是满人的风范。它与常服最大的不同就是将马蹄袖变为平袖，有丰富的纹饰，但与礼服的纹章不同，装饰意义远大于制度，可谓纹绣随愿。在晚清，男女便服发展到顶峰并成体系，包括紧身、马褂、衬衣、便袍等，根据满俗传统，女子便服还形成特有的氅衣、衬衣、褂襕等。纹绣镶绲与便服相伴相生、珠联璧合成为中国古代服装历史的高光时刻，所创立的便服章制是前所未有的。道光年间的画像和传世实物最先出现了新的变革，从同治年间织造文献中可考，便服正式更改称谓并成系统。从便服系统的紧身、马褂、褂襕、衬衣、氅衣称谓可以看出，虽无入典但有制[1]并传承有序。

紧身，原为一种无袖紧身式的上衣，是我国古代北方少数民族的服饰之一。紧身，据古代文献记载，汉时名“袒”，南北朝时名“裲裆”，宋时名“背子”，明称“褡护”，清之际称为“坎肩”，同时出现过“紧身”“背心”“马甲”及“十三太保”等名称，到晚清内务府织造往来文件中确定为官称“紧身”。清代的紧身，一般都装有立领，长同马褂为最短的上衣，形制有对襟、大襟、琵琶襟、人字襟、一字襟等多种样式，亦承载着马褂制式，多保持与马背文化遗风。紧身这种穿着方便、利于行动的着装，在清代满族男女中通用，发展到清晚期，已由最初的无束缚手臂保护胸背的功能发展成为一种标识性无袖上衣，手段就是丰富的缘饰纹样和绣作工艺（见图2-7）。

褂襕，是专门为满族女子所用的无袖紧身长衣，可以说是紧身的加长版。从褂襕的称谓上分析，“褂”说明它的形制以对襟为主，但也可用袍制的右衽大襟。清代之前服饰品类中，带有“襕”字的称谓就有“襕裙”[2]、“阑干裙”[3]、“襕衫”[4]和“襕袍”等。褂襕在清同治年间出现于内务府造办呈稿

1 根据清宫旧藏内务府档案中同治六年四月初三日织造记录中便服款式画样与墨字标注便服的系统名称证实（见附录1-1）。

2《夷坚支志戊·任道元》：“襕裙者，闽俗指言抹胸。”见[宋]洪迈：《夷坚志·第1、2、3、4册》，中华书局，1981。

3 阑干裙为有横竖襕的裙子。《明史·志第四十三》：“更定品官命妇冠服……长裙，横竖襕绣缠枝花纹。”见包遵彭主纂：《明史·第2册》，国防研究院，1962。

4《宋史·卷一五三·舆服志五》：“襕衫以白细布为之，圆领大袖，下施横襕为裳。”见蒋复璁、宋晞主编：《宋史·第2册》，中华学术院，1973。

中，同样施以丰富的缘边与绣作。

马褂，指有袖的短上衣，满人祖先在东北进行游牧活动骑马时穿在长袍外面的一种短衣，并因此而得名。马褂和紧身一样，逐渐由朴实无华的实用型向追求礼仪的教化型转化。清晚期满族女子普遍穿着的马褂，是从男装马褂借鉴而来，且有所发展。马褂袖制有舒袖、挽袖诸式，门襟和紧身的襟制系统相同，但传承关系是马褂影响紧身，导入纹绣镶绲，显然是对世俗教化的推动。

衬衣，为满族妇女所穿的一种圆领右衽大襟，直身长袖平口无开裾的便袍。衬衣是清代随着服饰制度的完善，逐渐确立的一种便服类型，起初是作为一种内衣而出现的，所以称为衬衣，最早可追溯至康熙年间。从传世实物来看，形制与晚清没有什么不同，唯袖口偏窄，无缘饰，到晚清衬衣大量的缘饰和绣作出现，说明它被外衣化了，或为清代的燕服[1]。

氅衣，可谓晚清标志性的满族女子便服，初见道光时期。形制为圆领右衽大襟，直身两侧开裾，内配衬衣的组服罩袍。晚清氅衣融入汉制，广袖平口，可舒可挽。到晚清后期氅衣纹饰更加丰富，且大量融入汉俗的纹样，与之相配合的是繁复的挽袖和错襟。氅衣，宫廷旧称“敞衣”，同治四年拟旨下派各地织造的样稿，将女子便服称谓统一为氅衣、衬衣、马褂、褂襕、紧身五种，其中氅衣为便服的标志，因为只有氅衣才有主服的位置，其他可以说都是配服。同治以后各地方织造提交奏案时少数将“敞”写作“氅”，但至光绪十年之前，不论宫廷拟旨还是地方奏案涉及到氅衣均统一用“氅”字。值得注意的是，清中期之后氅衣诞生之初满人命名“敞衣”是借用汉字“氅”而来，因为“敞”在古代汉字中是没有的，“氅”是指大衣的意思，而且是裘衣，因“氅”字的下部是“毛”。氅衣在满人看来只不过是便袍，也少用裘皮，所以造了“敞”字。后来还是为了延续华夏的汉字传统，从“敞”又回归到了“氅”，这或许是“满俗汉制”的生动实证（图2-7）。

1《旧唐书·舆服志》：“燕服，盖古之亵服也，今亦谓之常服。江南则以巾褐裙襦，北朝则杂以戎夷之制。爰至北齐，有长帽短靴，合袴袄子，朱紫玄黄，各任所好。虽谒见君上，出入省寺，若非元正大会，一切通用。”见[后晋]刘昫等撰、廉湘民等标点：《旧唐书·卷78-卷104》，吉林人民出版社，1995。

紧身

褂襕

马褂

衬衣

氅衣

图2-7　晚清满族女子便服系统

（来源：紧身、氅衣为王金华藏，褂襕、马褂为故宫博物院藏，衬衣为王小潇藏）

六、结语

满人入主中原，建立清朝，离开了原始故地极寒的生活环境，从漫长的部落氏族联盟到短暂的奴隶制社会再到封建社会，其服饰制度从“取其章不沿其式”到“满俗汉制”可谓跨越式的变革。清朝统治的范围从东北地方的少数民族区域扩展到幅员辽阔的中华大地，为了维护进入他者之域的满族权力基础，需要通过外化的形式不断刻意强调，以保持自身民族的优越感和维持被汉文化包围的广大中华疆域的稳定。外化的形式包括八旗制度、满文和满族服制。同时，通过服饰等一系列变革强化国家一统的民族认同，形成中国历史上以满俗汉制为特征的最后一个帝制服饰的文化标签，其直接影响是不断弥合了满汉蒙之间的民族差异。清朝借鉴历代先祖的南进历史和吸取的教训，意识到建立一个民族融合服制的重要性，以及兼收各族优秀文化的迫切性。在博弈本族和汉族传统关系的服制建构上，表现为“取其章不沿其式”的智慧。如果说清初制定礼服纹章的动机源于自上而下的统治需要，那么清末便服的纹饰趋同则体现了社会群体意识的统一。最终成就清代满汉两制深度融合的衣冠制度，满族政权得以稳固运行二百余年。纵观满族历史上早清中清晚清三次服饰制度的构建过程，递进与重构是贯穿始终的主题。如果说递进是民族交流的机制，那么重构则是融入中华民族的制度实践。清朝服饰“取其章不沿其式”的满俗汉制便是中华“多元一体”文化构建过程的缩影，这一切也反映在它的服饰物质文化的纹样系统之中。

第三章

从清朝便服样稿内廷恭造看满族的休闲品质

应该说满族传统的刺绣技术和图案文化，相对中原来说还属于边疆蛮艺，当满人入主中原成为统治者，必须引入中原系统历久弥新的服章制度和先进的织绣技术才能统治这个国家，才能将蛮艺转变成皇家御制。统治者深知这一点，不过这个悟道过程并不顺畅，甚至是付出巨大代价的，才有了乾隆“殊不知润色章身，即取其文，亦何必仅沿其式”的“章身其文”智慧。“章文”就是中原的服章制度，那么它背后纹样的意匠和骨式便是继承这种制度的技术手段。由此可见，清朝服饰的纹章范式是满人学习意匠和骨式的先进技艺推升其统治地位的。值得研究的是，这种先进技艺在便服中的应用，比起礼服来更加生动而有品质。那么这里需要通过清制样稿探讨一下中华传统纹样的意匠和骨式是如何运营的。

一、意匠的样稿

乾隆定制后到晚清内廷承造服纹的意匠经营，主要是通过样稿绘制实现的。意匠是指具有一定造诣的构思，古典华服制作设计非一人完成，每一阶段均需要工匠的经营。意匠见于晋陆机《文赋》的“意司契而为匠”[1]。达到技艺能施展意图的造诣，可称为匠，意匠由此作为匠造的构思和技术条件。《倪文僖集·卷四》：“良工意匠有深趣，笔妙不让顾长康。”[2]意匠指文章、绘画、制器等创造性活动中具有一定造诣的构思，在艺术评述中十分常见。中华古典服饰一向轻剪裁重纹章，乾隆的“取其章不沿其式”的智慧正在于此，保持尽可能完整的服装结构（布幅完整）正是为纹样绣作的意匠提供了最佳条件，女红善文绣便成为中华女德教化独特的文化现象。清代《古欢堂集·卷三十三》所述：“王梦卜女，少读孝经内则诸书，女红文绣多出意匠。”[3]可见，意匠在中华传统中还有一个重要的功能，就是替代读书的女德修养，被满俗接受不仅是文化上的必然，更是政治上的需要。

清代绣作御制主要由内务府造办处负责。雍乾两朝，内廷绘事主要以画院处“画画人”从事观赏类绘画，匠作的成分较少。如意馆是典型的匠作机构，其“画匠”承担绘制服饰等器物样稿。晚清时局跌宕，画院处关闭，如意馆虽在值却无工可做。咸丰后政局稍稳，造办处各作才逐渐恢复。如意馆复工的同时，馆址已移出造办处，在画院处的原址改开新馆，绘事也大大消减[4]。几经更迭，同治朝画院裁撤并入如意馆，使得绘事工作发生重大调整。原本专于观赏绘画的“画画人”与专于器物纹样的“画匠”在职能上发生合并，名称改为“画士”。同治朝内廷承造无论礼服还是便服绣作，先由如意馆指派画士绘制样稿后呈上御览，获准后方可交由造办处下属办理绣活处统一汇编并合拟出活计单。造办处将谕旨、活计单和样稿一并寄往各地方织造局，由地方督造官将样稿与织绣任务分派工匠，并照样织绣。地方织绣完成的只是匹料成品，与样稿一并发回清宫造办处，校对验收后入库，待需要时取出由造办处依照个人尺寸裁制成衣。在整个晚清内廷承造织绣过程中，受皇权意旨由如意馆画士绘制

1 [唐] 陆柬之：《陆柬之书陆机文赋》，上海书画出版社，1978，第8页。
2 [明] 倪谦：《倪文僖集·卷1-卷4》，第55页。
3 [清] 田雯：《古欢堂集·卷32-卷33》，第50页。
4 崇璋：《再谈如意馆》，《中华周报(北京)》1945年第23期。

样稿，起着联通自皇廷上意到地方匠造的重要媒介作用。晚清御制运行机制的调整，可以说与同治初年财政困难关系密切，到同光中兴的时政背景下，又催生了晚清内廷织绣纹样经营系统的整饬。

如意馆隶属内廷，在空间上虽与民间有割裂，但供职画士自地方推举而来。这使得内廷承造织绣服饰在突出皇家属性的同时，也能够因绣作纹样意匠的精妙与精湛成为民间追捧的“官样”，而受到乡绅商贾推崇。因此，如意馆并非完全是代表满俗皇权意义的匠作机构。在这过程中地方匠人，尤其是汉人南匠们，如何进入内廷，如何影响皇室的审美趣味，又是如何被遴选成为御用匠人，是晚清内廷承造织绣服饰突破单一族属，成为清朝时代风尚的内核。我们从御制样稿中的观感，无疑在形制上有着强烈的满族遗韵，但仔细观察在纹章系统上无论是纹样元素、骨式还是法度都没有脱离华统的意匠，正可谓“取其章不沿其式”制度的物化呈现（图3-1）。

皇帝朝服样稿（正/背）

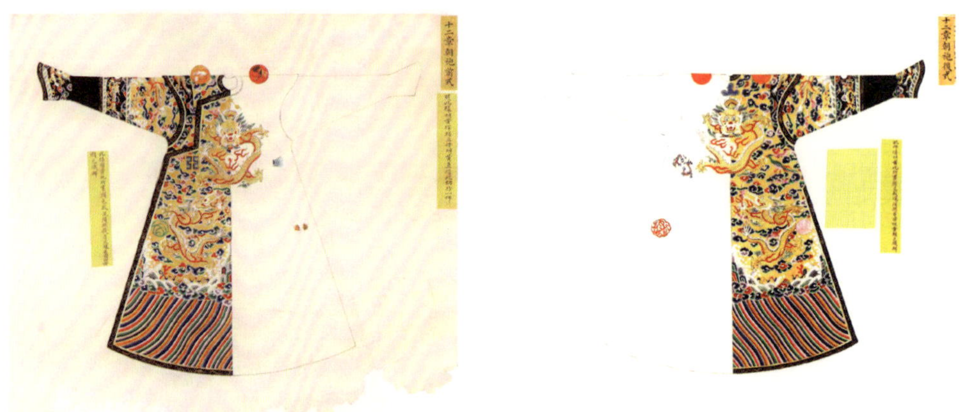

皇后朝服样稿（正/背）

女便服样稿

图3-1 清朝宫廷服饰样稿

（来源：故宫博物院藏）

二、骨式和匹料纹样

清朝内廷所承造的织绣样稿绘制并不是满人的技艺，而是遵循纹样骨式传统，因为绘制样稿的人都来源于汉地匠人，特别是南匠汉人。但这不意味着样稿没有满族的风俗，恰恰相反，满人作为统治者，不仅加入带有族属的皇权意志，更重要的是借用汉人早已成熟且系统的匠作法式植入满人文化为我所用，由此创造了中华服饰历史的清朝范式。其中标志性的是，创造性地运用传统的骨式法则。

如果说“营造法式”是建筑的古法，“经营骨式”就是服章的设计法则。然而骨式最初并非用于章纹设计。汉代“骨”的概念用于相学，魏晋有“羲之风骨清举也”[1]的人格品质。北魏梁国文学评论家刘勰《文心雕龙·风骨》中所谓“结言端直，则文骨成焉”[2]是代表着语言与结构的文骨之风。书论上用“骨”字，如晋人卫夫人的《笔阵图》中提到“善笔力者多骨，不善笔力者多肉”[3]等，指的是书法运笔的笔力。绘画评论中出现“骨”早见于顾恺之，如评《周本纪》“重叠弥纶有骨法”，这里的“骨法”指所画人物的骨相，即相学。谢赫作画“骨法”则已转向绘画用笔[4]。20世纪初，骨的概念被广泛用于图案学理论中，出现于多部图案学的早期著作中，代表性的有陈之佛的“骨法”，傅抱石的“骨式”和“骨子”，以及雷圭元的“骨格”。其指向都是同一概念，即平面图案构成的骨式规律。绘制平面图案时“以基准线为骨子，使附以肉，适合几何的形象”。骨有三个要素，“位置、数量和方向”。骨法的定义是“用简单的线，表示为单位配置基准之骨子，加以材图，使容易构成模样之方法，称为骨法”[5]。

清朝内廷承造之服从织造到缝制，均由清宫内务府广储司下设的各个机构合力完成。其中最重要的包括纹样绣作的织绣环节必须在拥有一流匠人的外设官营织造局完成，如“江南三织造”、京内“绮华馆”等。成造的织绣品被运送回宫由“缎库”保存，待需要制作成衣时将袍料交由“七作二房”的专人

1 徐震堮：《世说新语校笺》，中华书局，1984，第260页。
2 [梁] 刘勰著、郭晋稀注译：《文心雕龙》，岳麓书社，2004，第266页。
3 [晋] 卫夫人：《笔阵图》，周南李际期宛委山堂，第1644-1661页。
4 冯晓林：《历代画论经典导读·学术版》，东北师范大学出版社，2018，第64页。
5 傅抱石：《基本图案学》，商务印书馆，1936，第78-88页。

裁缝完成。晚清官营织绣服饰是以一制一式的袍料制作方式完成，这样就使纹样繁杂的骨式经营更加方便，同时，为转移袍料后不管时隔多久都能够以“制”照做，避免了重造的困难和浪费，这使得匹料织绣过程中纹样置陈尤为需要对骨式的经营。这也就是为什么清朝服装在处理纹样绣作和缝制成衣的关系时，必须遵循“先绣后逢”的原则（图3-2）。

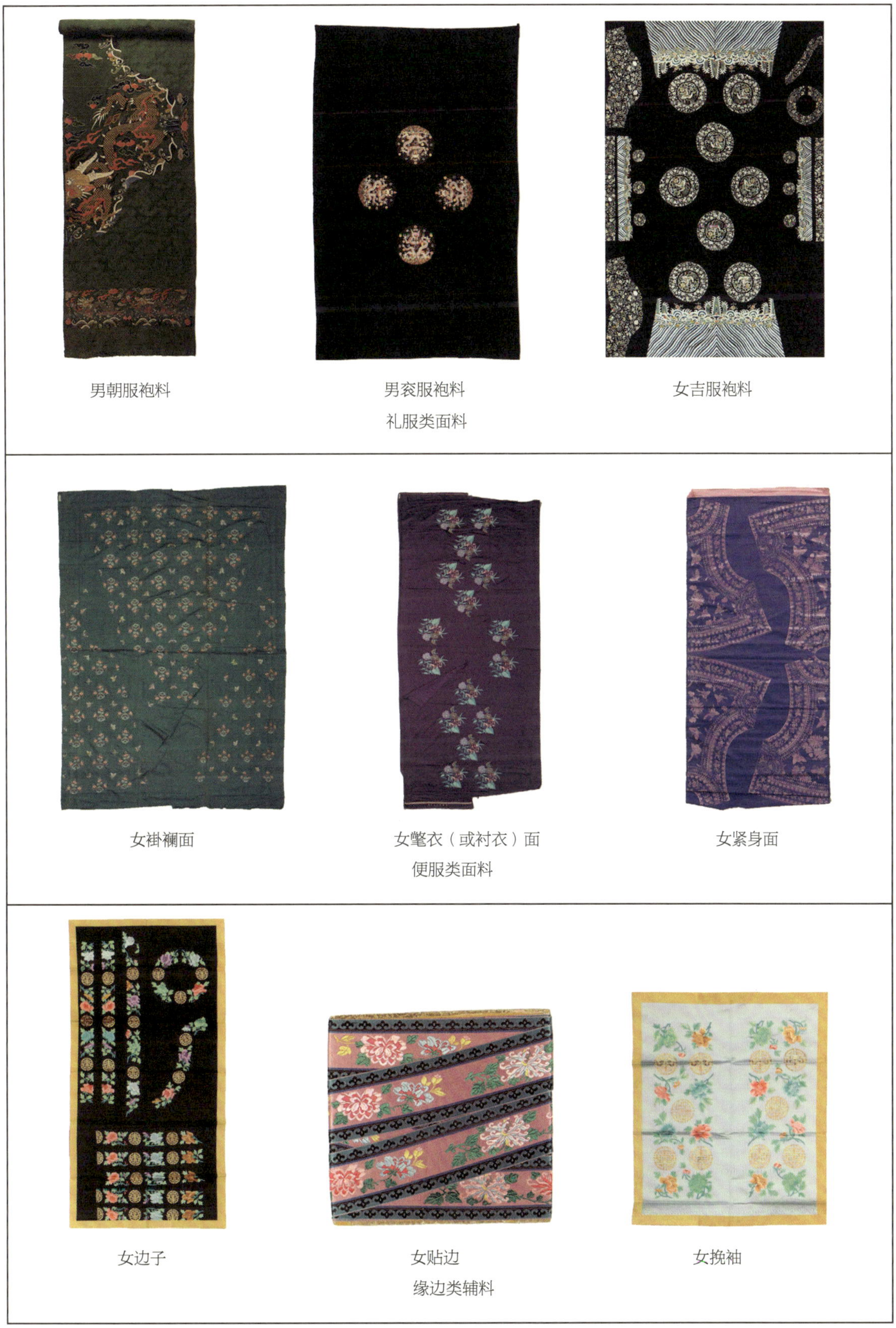

图3-2　晚清官营绣作匹料纹样与骨式

（来源：朝服和吉服袍料为私人收藏，其余均为故宫博物院藏）

先绣后缝是实施一制一式匹料纹样进行骨式经营的条件。一制是先确定服装的制式，如朝服、吉服、氅衣、衬衣、紧身等，当然一制也会对应着拥有者，如皇帝、皇后、皇室成员等，这对“一式”有很强的指导意义。一式是纹样绣作的形式，它有严格的等级划分和习俗、爱好的走向。因此一制一式是真正意义上的量身定制。根据对传世袍料标本的信息采集，结合清代官营文献的分析，证实一制一式有明确的制作程序与分工。绣作袍料，首先需要将染织好的匹料预先拼合，然后拓上花样纸，根据样稿的纹样位置画样，沿纹样轮廓打孔并透粉到匹料上，而后拆解匹料并由绣工分别刺绣，将绣好的单幅匹料对齐花样再拼缝，最后必要时补绣个别纹样。整个过程都是在不破坏布幅的基础上完成，就像汉朝人制作帛画（汉代马王堆帛画）一样，根据骨式规律将图案元素按意象经营位置（图3-3）。

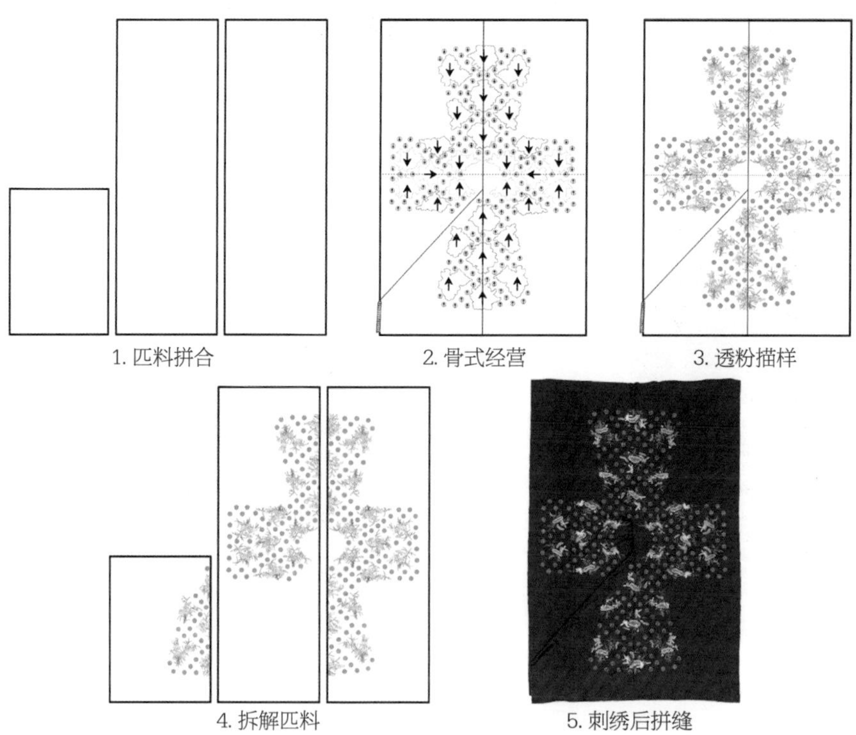

图3-3　晚清官营绣作匹料纹样依骨式的刺绣程序

（来源：苏富比藏）

三、如意馆织绣样稿与内廷恭造式样

收藏于中国第一历史档案馆的清宫内务府造办处办理绣活处的活计清档与故宫博物院藏清宫服饰图档记录，详细记载了造办处公务往来的样稿和纹样匠作的文案信息，成为研究清代女子便服制式、纹样制度、工艺过程的重要官方史料。通过对同治六年四月初三日由宫廷发往江南三织造的活计清档和图档研究发现，在晚清内廷承造中，尽管是不入典的女子便服，也会依据样稿的内廷恭造式样与御制流程。由此可以窥见，除作为服制主流的男服和女子礼服之外，女子便服亦充斥着伦理教化的匠作制度。

清宫档案表明便服的设计制作亦由内务府下属的造办处负责，造办处作为清代御制机构成立于康熙朝。最初造办处是以养心殿与武英殿为主的多个造办活动场所的统称，后发展为御制的专职机构。在雍正朝，造办处形成分设紫禁城与圆明园的“城园两重格局”，下设画院处和如意馆。画院处的“画画人”负责观赏类绘画工作，如意馆的“画匠”负责绘制包括服饰的器物样稿，织绣样稿就出自于此。在乾隆朝，御制流程逐渐完善，此时“京外九处”的全国性制作网络逐渐成熟，其中包括三处核心机构的“两盐政”“三织造”和“四监督”，三织造又是与皇家事务联系最紧密的。历经嘉道中衰，道光朝虽未明发上谕裁撤画院处和如意馆，客观上画院处受冲击更大，使“绘画供奉”在内的职位缺而不补。咸丰朝在政局动荡下造办处各项工作均处于停滞状态，此时作为绘事机构的画院处关闭，如意馆也处于有职而无工可做的境遇。同治朝政局稍稳，造办处各项工作又逐渐恢复，如意馆也于此时二次开工，馆址已移出造办处，在画院处的原址改开新馆[1]。几经更迭，如意馆于同治朝全面负责包括画院处和如意馆的宫廷绘事工作，上至御容像，下至便服样稿。原本专于观赏绘画的“画画人”与专于器物纹样的“画匠”在此时职能发生合并，同治朝统称为“画士”。画士在纯艺术作品与器物图稿的绘制中来回切换，使得晚清便服成样的构思和绘制，都不再是纯粹的装饰设计，也充盈着水墨绘画艺术的身影。

同治朝的便服御制，先由如意馆指派画士绘制样稿，绘制完毕需呈上御

1 崇璋：《再谈如意馆》，《中华周报(北京)》1945年第23期。

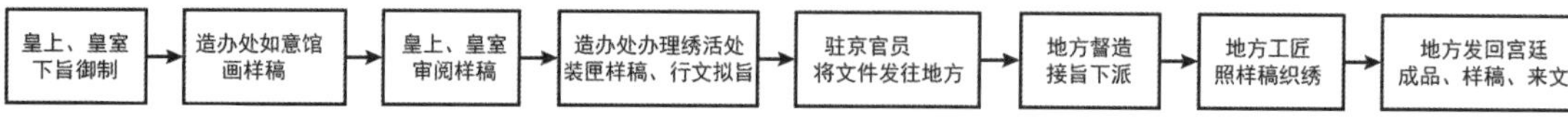

图3-4 晚清便服织绣匹料造办流程

览，准许后方可交由造办处下属办理绣活处统一汇总并拟出活计清单。待制稿阶段完成，将谕旨、活计单和样稿，一并寄往各地方织造局，由地方督造官将样稿与织绣任务分派工匠。工匠照样稿完成纹样的意匠、骨式设计和刺绣工作，最终成织绣匹料。地方织造局将织绣匹料同样稿一并发回造办处，校对验收方可入库，待需要时取出匹料由宫内裁制成衣（图3-4）。

在绘制样稿到织绣匹料的过程中，帝王意志持续刺激着整个便服御制过程，它与礼服不同，个性发挥和好恶的空间更大，其结果有利有弊。除制作过程高度的程式化、精细化以外，也极易导致由于帝王和皇家审美而造成便服纹样的繁复堆砌和灵感创造的缺失。在看似无章制束缚的便服花样绘制中，画士必须在圣意、体统和惯例中来回揣度。也可以说，宫廷便服纹样装饰，往往是该时期封建皇权意欲的通俗化呈现，这个过程恰是由内廷恭造式样而被真实地记录下来。

内廷恭造式样最初由雍正帝提出，内廷是相较于外朝而言的，从广泛意义上看，可以理解为一套宫廷用于制作器物的标准系统。其问题不在于服饰等级，而在于是否御制，因此便服也就有了器物标准。据雍正五年闰三月三日于圆明园来帖：“朕看从前造办处所造的活计好的甚少，还是内廷恭造式样，近来虽其巧妙，大有外造之气，尔等再造时不要失其内廷恭造之式。钦此。”[1]此后，在清朝历代皇权意志引导下，逐渐形成一套代表清朝皇廷形象的器物制作体例，即“内廷恭造式样”。

便服御制样稿，以同治六年四月初三日的图档为例，便可见这种继承从未中断，晚清绘制便服样稿的“内廷恭造式样”主要体现在规范的样稿绘制与信息书写格式上。需要注意的是，部分便服样稿在执行过程中，书写格式会有不同程度的略化，有时因保存不善黄签书写的部分也可能脱落，有少数样稿如今只剩下编号的情况。因此，需要在研究内廷恭造样稿的图档过程中，结合相应的成样谕旨、活计清档和实物对照释读。

1 杨伯达：《清代造办处的“恭造式样”》，《上海工艺美术》2007年第4期。

四、同治内廷女子便服样稿的恭造式样

晚清内廷承造服饰过程中，要通过谕旨、活计单和样稿的编号、注文、署名等一整套规范体例去操作，这或许是“内廷恭造式样”的保证，女子便服也不例外，这多少颠覆了“清朝女子便服不成体系”的惯常认知。

1.谕旨与活计单信息

同治六年四月初三日，造办处办理绣活处发往地方造办机构的谕旨：“……传知造办处，照交下应预备皇后所用等项活计画样五分，传办各款活计单八件，内：粤海二件、两淮二件、杭州二件、苏州一件、九江一件等，五处均著造办处缮写各样活计数目红摺各一份。分交各处，敬谨成办。”此谕旨一式五份，分别发往粤海关、九江关、杭州织造、苏州织造以及两淮织造。其中传办粤海关（广州）制作饰品，传办九江关（江西）烧造器皿，传办杭州、两淮、苏州三地织造局，即江南三织造，负责织造各项礼服和便服匹料等。除谕旨中明确的起始时间、成造地点以及成造动机外，所附活计单则列出了所有需成制的礼服、便服条目，以及所要求的颜色、纹样、工艺、规格等文字信息（图3-5）。

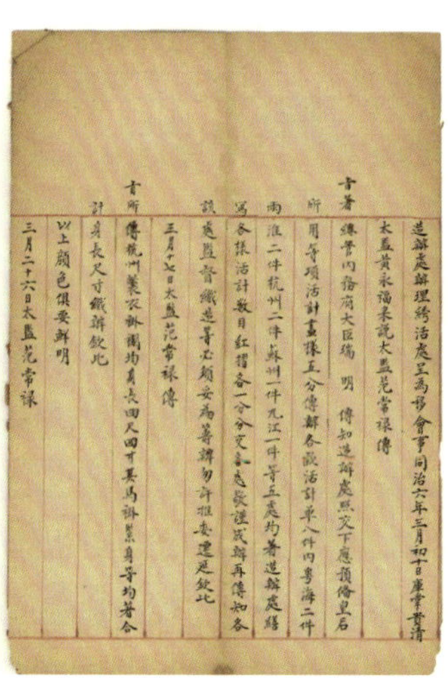

谕旨

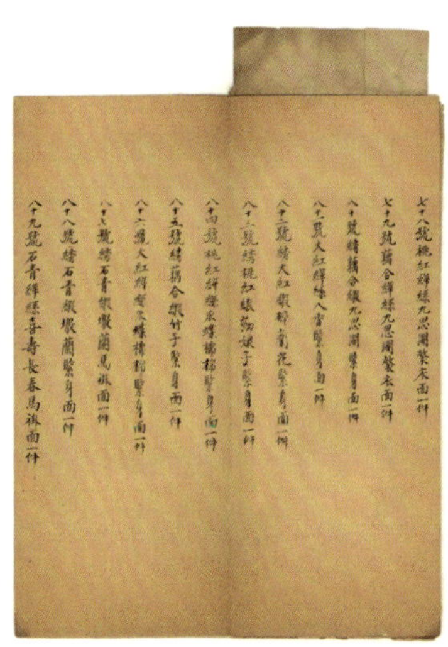

杭州织造活计单

图3-5　造办处存同治六年四月初三日活计清档

（来源：中国第一历史档案馆藏）

从活计单的信息显示，便服主要由大身面料构成，如氅衣面、紧身面、马褂面等，同时搭配织绣的辅料，有边子、挽袖、贴边等。便服需要搭配的领面单做，单列于活计单中。成造规格也有规定，要求所有礼服袍褂、便服氅衣身长均计四尺四寸，短上衣如马褂、紧身等均著合计身长尺寸织办，制作成衣时因人调制。在此次成造的活计单中，朝服四十件，吉服一百零三件，便服类匹料则高达三百一十六件，便服比礼服的朝服与吉服之和还多。依托活计清档中大量便服信息的整理可进行便服内廷恭造式样的案例研究。

发往地方织造的谕旨所附的活计单中，详细罗列所需制作的条目，其内容依次为编号、面料色、面料材质、纹样色、纹样名称、便服品类、数量和各件面料材质。在书写时根据以上构成元素组合条目是相对灵活的，最简化的情况下也要保留基础的信息，包括面料色、面料材质、纹样名称、便服品类和数量，如“石青缂丝小金团寿字马褂面二件”。条目有对应的单独样稿时，需要在条目开头加上样稿编号。样稿编号也要按照一定的书写规则，以保证条目与样稿的有效受理（图3-6）。

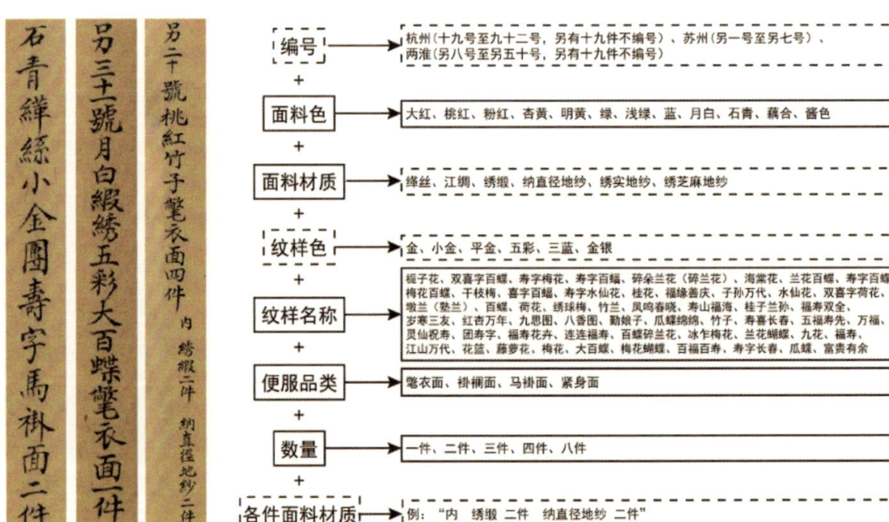

活计单条目

图3-6　活计单条目和构成信息

（实线框的名称为基础信息）

面料颜色是条目的基础信息，一般紧跟编号后。同治朝活计单中出现的面料色有大红、桃红、粉红、杏黄、明黄、绿、浅绿、蓝、月白、石青、藕合、酱色，共计十二种颜色。其中使用频率最高的是藕合色，有二十七个条目使用。藕合色是由汉俗善用草染而成“贵妇之色”。明代方以智在《通雅·卷三十七》中简述了藕合色的由来：“油紫，今之藕合也……仁宗晚年京师染紫，变其色而加重，先染作青，徐以紫草加染，谓之油紫。”[1]藕合也称为“油紫”“藕荷”，染布时先染出青色，再加入紫草套染。不同时代颜色虽不尽相同，但晚清时期藕合色的主要特征并未改变。乾隆朝李斗所著《扬州画舫录·卷一》，简要地为藕合色做了定义：“深紫绿色曰藕合。”[2]综合条目中藕合色所对应的样稿，表示藕合色是一种明度与饱和度较低、色相偏冷的暗紫色，可谓清朝引入汉俗成恭造范式的妇仪之色代表。

面料材质是条目的基础信息，当条目中只有一种材质时置于面料颜色之后，如果包含多种，则要置于条目末尾并作详细说明，如“另二十号桃红竹子氅衣面四件，内，绣缎二件，纳直径地纱二件”，如活计单范例所示，其书写时字号要比条目小，接于条目后（见图3-6）。这批活计单中包含的面料材质有缂丝、江绸、绣缎、纳直径地纱、绣实地纱、绣芝麻纱等。便服中大量使用的面料材质是缂丝，共计制作九十八件；其次是缎绣，计七十八件。这些高技艺品质的缂丝与缎绣在便服中的大量使用，是由于晚期内廷承造年里样稿式样多且需要集中时间和工匠所致。这也足以说明清朝满族贵妇对休闲品质的追求，因为日常社交中对身份地位特性的彰显，往往是由大量便服展现的。而服饰中的高超织造技艺却都来自汉族工匠之手，可以说是满人“他山之石可以攻玉”的生动诠释。

活计单的纹样色是辅助信息，用于提出纹样色线的搭配方案，未注明纹样色应当依照样稿根据匠人的理解配备。纹样色是金色时一般搭配字符纹样，如“小金团寿字”等，金银配线有“金银竹兰”等。蝴蝶纹样一般有“三蓝百蝶”“五彩百蝶”的搭配，三蓝还见搭配“三蓝飘铃”，表现纹色

1 [明] 方以智：《通雅》，中国书店，1990，第454页。
2 [清] 李斗撰、周春东注：《扬州画舫录》，山东友谊出版社，2001，第28页。

搭配的程式化。三蓝绣是指利用三种以上深浅不同的蓝色，兼用黑色、白色绣线进行刺绣，晚清宫廷女子便服的纹样盛行三蓝绣，汉族服饰亦是。《雪宧绣谱》对三蓝绣的技法有详细说明："若普通品之用全三蓝者，由三四色至十余色，于蓝之中分深浅浓淡之差，可与和者惟黑白二色，绣之粗者，但三四色，用齐针已足；渐精则色渐多，须用齐针、单套针二法。"条目中纹样名称的基础信息是最大可能表达中华正统哲学的，活计单中纹样名称不计重复的就有五十余种。纹样名称的确定表达其花样绘制的初衷，并有一套严格的命名逻辑，反映了深刻的礼制思想与女德教化意涵，充满着丰富的儒家传统文化，可谓满俗汉制的富矿。

2. 便服样稿编号的规范管理

配合活计单清档发往三织造的便服样稿总计近二百份，为了在转交过程中便于校对，一般在样稿右下方标注有与活计单条目相对应的编号，主要目的是便于成造过程中的规范管理。发往杭州活计单的样稿有两份，第一份编号区间为"十九号"至"九十二号"，第二份为十九项纹样同为"小团寿字"氅衣面，只是颜色质地不同，故样稿只需一份，也就不必编号。发往苏州活计单的样稿一份，编号区间为"另一号"至"另七号"，附九项的无编号领面，为单独条目不编号。发往两淮的便服活计单样稿一份，样稿编号区间为"另八号"至"另五十号"，附十九项同为"小团寿字"的便服，与杭州氅衣面相同则不需编号。不同的纹样题材一定是要提供编号的，不变的是规范的样稿绘制和信息书写格式（图3-7）。

3. 样稿体例与署名

便服品类的花样绘制体例有两种，主要区别在"边子"的安置方式：一种是独立于衣身一侧，多带有如意云头边子的分体格式；另一种是将边子镶进衣身设定位置的合体格式。马褂、紧身、褂襕样稿一般绘制成品款式的一半，氅衣和衬衣由于面积较大，大多只简画成矩形样稿并绘出布局好的纹样。相较于《皇朝礼器图式》所录的礼服样稿，便服样稿不仅有一套规范系统，绘图风格上更表现出个人好恶的绘画性，更能反映满人休闲生活的本真和融入中华文化的技术智慧（表3-1）。

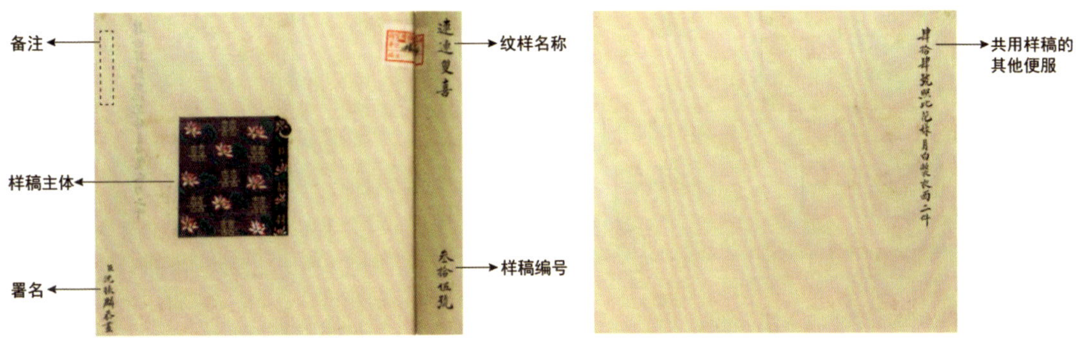

样稿正面　　样稿背面

图3-7　晚清便服样稿编号所涉及的信息

（来源：故宫博物院藏）

样稿左下方署名为臣字款，臣字款体例源自宋代院体画格式，最初是指为皇帝而作画品落款。清代臣字款作品来源广泛，有宗室所绘、大臣所绘、民间所绘由大臣进献、宫廷人员所绘等。宫廷画士依旨意绘制便服样稿被要求署名以便监督，署名按臣字款落在样稿左下角。书写形式为，在画样左下角书写纵向墨款，名款前先书以“臣”字，其字号要比名款小，以表对皇室的谦卑，字体为管阁体，书写全名后缀以“恭画”两字。如图3-7所示组合为“臣 沈振麟恭画”[1]。

在同治六年四月图档这批样稿中，出现署名落款的画士有四位：沈贞、沈世俊、沈振麟和谢醇。前三位为如意馆著名的沈氏家族画士，他们来自元和，即今天的江苏吴县。以沈氏家族画士为代表出身的匠人在清中期被称为“南匠”，他们最初通过南省各大官吏举送，后又通过家族传承不断扩大势力，以沈振麟为代表的沈家画士便是如意馆历史上的一支大姓[2]。由于造办处活计清档多记录的是画士所做的事项及其官职俸禄，因此画士之间关系不为详载。通过活计清档中画士传唤绘事记录看，沈家最早从乾隆年间持续活跃至光绪末年。其中沈振麟于同治元年已为五品画士，到光绪年官至二品；沈

1 聂崇正：《谈清代“臣字款”绘画》，《文物》1984年第4期。
2 李湜：《晚清宫中画家群：如意馆画士与宫掖画家》，《美术观察》2006年第9期。

表3-1　同治六年四月图档样稿体例和服饰实物

便服类型	分体格式	合体格式
 氅衣 （来源：王金华藏）		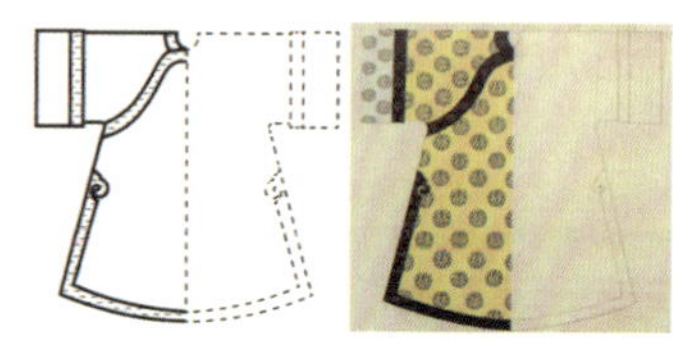
 马褂 （来源：故宫博物院藏）		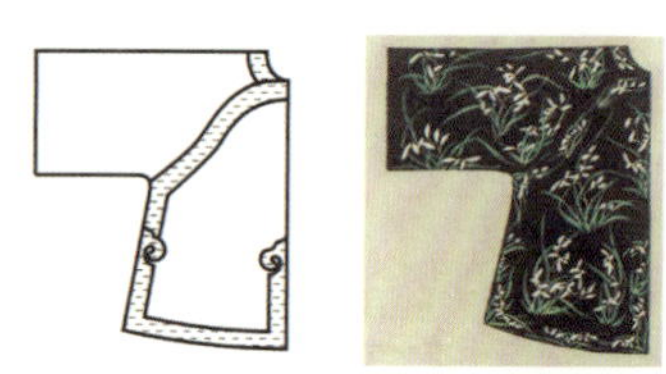
 紧身 （来源：王金华藏）		
 褂襕 （来源：故宫博物院藏）		

贞自咸丰朝供职，后于同治十年去世时为七品顶戴五品俸禄；沈世俊于同治二年被拣选，同治三年为八品俸禄八品顶戴。可见绘制这批便服样稿的画士正是同治时期如意馆的核心力量，也从侧面凸显所绘制的这批便服样稿的受重视程度。此外，从绘制作品的效果看，与肖像画、扇页等用于观赏的绘画作品不同，用于织绣的便服样稿由于数量庞大，且需要考虑实施织绣工艺的可行性，因此在绘画手法上不追求细腻写真的刻画，更显简明程式化，构图上则需考虑成衣后纹样的经营效果，接近于今天平面构成理论中的二方连续、四方连续和适合纹样骨式。显然便服为强调纹样主题的个性表达和生动性，更多地使用前两种骨式，以图案化的写实手法尽可能接近观赏作品的绘画感，也创造了晚清满俗汉制独特的时代风尚（图3-8）。

花卉蜂蝶图扇页

连连双喜便服样稿（局部）

图3-8 晚清二品画士沈振麟的观赏绘画与织绣样稿作品

（来源：故宫博物院藏）

五、结语

对同治女子便服御制活计单清档与样稿图档的梳理，使没有典章正名的女子便服承造的内廷恭造式样得以浮出水面，初显清朝官营中便服的制度范式和文化正统。这或许与满族游牧的祖俗文化有关，但事实上这种对服饰休闲品质的追求，女性要远大于男性，又无图典法章，只有依赖官营织造在承制过程中自然形成的清档进行释读，其面貌比想象要丰富得多。晚清女子便服样稿内廷恭造式样的发轫，得益于雍正帝提出并倡导宫廷器物需要具备清朝皇家特色御用理念。历经几代的修缮，同治朝样稿体例与造办体系已基本完备。便服御制样稿的形成，是在实操过程中皇权、体统和礼制引导下的产物，呈现系统、简明且合乎伦理的绘制特征。但正值时局动荡，造办处历经画院处与如意馆合并，画士兼任多重绘事匠作任务。在这种背景下，艺术造诣的衰退已经无可避免。晚清内廷便服造办的虚胖繁荣，既是对中华丝绸文明与匠艺的继承，也是对晚清封建皇权颓靡的粉饰。

第四章

从中国衣裲文化到满俗汉制的隐裲

在晚清，满族妇女越发好用满饰。在贵族阶层，无论是礼服还是便服，俨然已成为纹样的世界。由于妇属便服不入典，催生了便服纹样全新而生动的样貌，从袍料到缘边都布满纹样。然而其复杂纹样表象背后，始终遵循一套稳定的纹样骨式。这种骨式是以隐襕为特征发展而来的纹饰格式，且无法用工业文明语境下的构成理论概括，而自成中华织绣匠造的语言系统。在清代隐襕成为满俗汉制的经典范式，为何出现衣襕文化，襕作为中华多民族传统服饰的共同基因流传至清，襕饰从未消失，而呈现由显入隐的流变过程。对传世标本的系统研究，发现隐襕的手法和组合形式，是以连续元素形成纵横交错的满布状态纹样，使传统的襕式不复存在，但仍保持明显的方向性而隐藏其中，故称隐襕。隐襕可谓清代“反本修古，不忘其初”的范例。

一、隐襕的反本修古

襕初用并非纹饰，襕制源于南北朝，据《旧唐书·舆服志》所载，“晋公宇文护始命袍下加襕”。此后这种带有襕制的袍衫兴于唐，多作士子服。盛唐时期，见女子着襕袍者，又见唐书载，“开元来，妇人例著线鞋，取轻妙便于事，侍儿乃着履。臧获贱伍者皆服襕衫……”[1]。又以形制不同来区分，夹层为襕袍，单层为襕衫。襕袍在隋朝房陵王杨勇墓室壁画中身着襕袍的仪仗中成为标准制式，说明盛唐襕袍已成定制（图4-1）。《宋史·舆服五》描述，“襕衫以白细布为之，圆领大袖，下施横襕为裳……”[2]，可见襕最常用的是在衣摆缝缀一圈的拼布。

图4-1　隋朝房陵王杨勇墓室壁画中身着襕袍的仪仗
（来源：《文物》）

北宋时，金国同时出现襕制与襕饰，襕袍用于官服的公服、祭服。《金史·舆服中》记载，“十五年制曰：袍不加襕，非古也。遂命文资官公服皆加襕”[3]。金齐国王完颜晏墓出土的饰有织金襕饰男子袍服[4]，表现为袍身通肩襕和膝襕，这是目前考古出土最早的有纹样襕饰的实物证据（图4-2）。

1 刘昫等：《旧唐书》，中华书局，1975，第1951-1958页。
2 脱脱等：《宋史3》，中华书局，2000，第3579页。
3 脱脱等：《金史》，中华书局，1975，第982页。
4 赵评春、迟本毅：《金代服饰——金齐国王墓出土服饰研究》，文物出版社，1998，第 83页。

图4-2 北宋金国织金襕饰男子袍服
（来源：黑龙江省博物馆藏）

元代出现以纹章确定襕制品级情况。《元史·舆服志》：“仁宗延祐元年冬十有二月，定服色等第……一，职官除龙凤文外，一品、二品服浑金花，三品服金答子，四品、五品服云袖带襕，六品、七品服六花，八品、九品服四花。”[1]说明纹襕在此时成为四品、五品官服的章制。元代女性服饰也开始广泛使用襕饰。在元文宗年间《帝后坐像图》[2]中，可见蒙古族女子饰襕于袍的肩和膝部。元代苏州张士诚[3]之母曹氏墓出土的汉族女裙饰襕于膝和摆处[4]。时至元代，上施肩襕为衣，下施横襕为裳成为定式，为明朝官服成系统的襕饰制度奠定了基础（图4-3、图4-4）。

图4-3 元代缂丝帝后坐像图（局部）
（来源：纽约大都会博物馆藏）

图4-4 元代曹氏墓出土暗花绸膝襕裙
（来源：苏州博物馆藏）

1 James C. Y. Watt and Anne E Wardwell, *When Silk Was Gold: Central Asian and Chinese Textiles* (The Metropolitan Museum of Art, 1997), p.198.
2 黄能福、陈娟娟、黄钢：《服饰中华：中华服饰七千年（第2卷）》，清华大学出版社，2011，第 320页。
3 张士诚：1321- 1367，男，汉族，元朝末年江浙地区割据势力首领。
4 宋濂等：《元史》，中华书局，1976，第1935、1937、1938、1942页。

明承元制，襕饰于膝部的称膝襕，饰于肩部的称通袖，正式确立文官的服章襕制。《明史·舆服志三》所记中可见上至朝内皇族、监官之服，下至舞道之服皆备襕饰，创制了襕章的赐服系统：通袖为上膝襕为下，洪武五年礼部议定官员命妇所着常服式例中，命妇皆着"长裙饰横襕绣缠枝花纹"，只以不同色织区分品级[1]。明代兴盛世俗文学，通过学者黄维敏《晚明清初通俗小说中的服饰时尚研究》中对《金瓶梅》《醒世姻缘传》女子服饰形制名称的统计，显示小说中出现逾十四处女子服饰带有通袖的袍、袄、衫，两处见宽襕裙子，穿着者身份均为官员权贵的妻妾[2]。另外明代《太康县志》也有详细记述："弘治间，妇女衣衫，仅掩裙腰；富用罗、缎、纱、绢，织金彩通袖，裙用金彩膝襕，髻高寸余。"[3]《太康县志》史料中所描述的女子装饰面貌与传世明代贵妇画像中装束相符，这一现象也在南昌新建县宁靖王夫人墓出土的夹袄饰金彩通袖得到实证（图4-5、图4-6）[4]。

图4-5　明代妇人像（局部）
（来源：瑞典远东博物馆藏）

1 张廷玉等：《明史 4》，吉林人民出版社，2005，第1045-1060页。
2 黄维敏：《晚明清初通俗小说中的服饰时尚研究》，四川大学出版社，2018，第156-160页。
3 顾炎武：《日知录集释》，上海古籍出版社，2014，第 624页。
4 徐长青、樊昌生：《南昌明代宁靖王夫人吴氏墓发掘简报》，《文物》2003年第2期。

图4-6 明代缎地妆金云肩通袖夹袄
（来源：《南昌明代宁靖王夫人吴氏墓发掘简报》）

由此可见，明代富贵女子服饰不论上衣下裳还是袍式都广泛使用襕饰。晚明又见襕饰的两种变异情况。其一，肩部襕饰逐渐打破带状形式的约束，面积不断扩大，最终覆盖整个袖部，这种肩部襕饰的变形样式在清代形成满袖式，膝襕也变成对称的适合纹样骨式（图4-7）。其二，在通袖之外又饰纹样，形成满地纹，如晚明满地缂丝云肩通袖襕灯笼仕女纹衣料[1]，只将通袖、云肩内纹样周围绣以红色细缘框出且转换朝向与周围纹样区分开，这是从显性襕饰向隐性襕饰的过渡时期，正是清代隐襕的前身（图4-8）。

图4-7 晚明蓝地盘金绣莽纹罗袍
（来源：孔府旧藏）

1 北京市文物局：《北京文物精粹大系（中英文本）·织绣卷》，北京出版社，2001，第21页。

图4-8　晚明满地绛丝云肩通袖襕灯笼仕女纹衣料（局部）
（来源：北京艺术博物馆藏）

清承明制，显性襕饰成定制典章的官家标志。《苏州织造局志·卷七之段匹》官营织造中可见缎纱皆饰襕纹的记录，纹样包括龙襕、蟒襕、篆寿襕、花襕等，用于朝服、吉服的袍料，还有特定纹饰。皇清上用之旧例记载，“上用……五爪三爪直身龙襕段一匹，计十身，每身长四尺七寸……工七十三日，两润色龙身单格梭无披领，身花两肩大小襕十二条，龙襕纱同工”[1]。此处“龙襕段一匹”记述，对照乾隆十八年袍料附带黄封“龙襕段一

1 孙佩：《苏州织造局志》，江苏人民出版社，1959，第38-79页。

匹”的实物和文档信息，说明清代襕已经成为惯用于特定部位的宽带章制，“身花两肩大小襕十二条”是指由龙纹十二条构成的大小襕纹（图4-9）。清代士子着满服，属襕制的襕袍和襕衫逐渐消亡，而襕饰在礼服中成为典章制度被保留下来，与官服中的补子共同成为清代章服系统的标志性特征。女子便服流行满饰，满饰中的襕饰区域不再框出缘边，通过保留纹样的转换、朝向和排成一线的特征形成襕饰区域，襕彻底隐于满饰的纹样之中，成为隐襕。满族女子自古用袍，礼服或便服皆以袍式施襕，大多饰于肩、袖和下摆部位，腰襕、膝襕也时有显现，比起汉人用襕更加自由丰富，且不拘泥典制，这便有了襕的满俗文化（图4-10）。

袍料

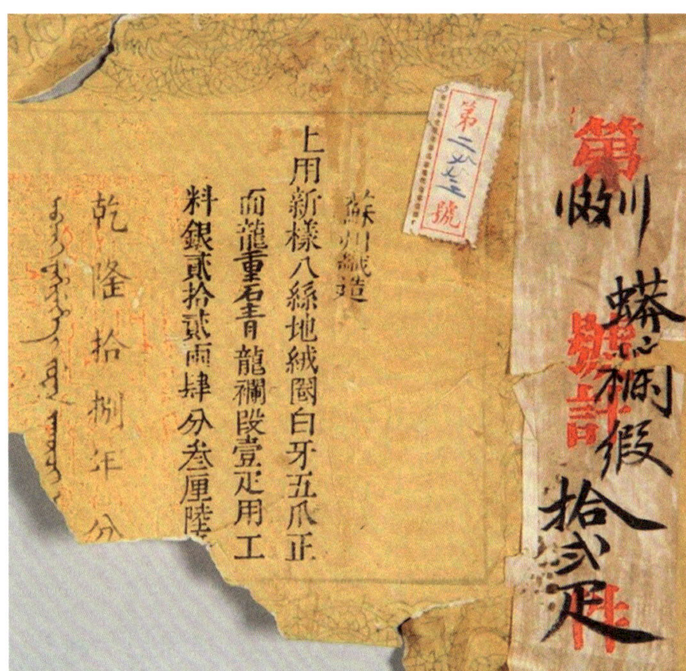

黄封

图4-9　清代石青龙襕妆花缎朝服袍料及其黄封（局部）
（来源：故宫博物院藏）

图4-10 清代女子吉服出现的腰襕和摆襕

（来源：御绣园藏）

所谓“礼也者，反本修古，不忘其初者也”[1]。襕历经朝代更迭，襕制从“下施横襕为裳”到“袍不加襕非古也”，是对华夏服饰礼制的恪守；襕饰从“通袖膝襕”到“身花两肩大小襕十二条”，则是从制度到人性的丰富和发展。襕自南北朝到清代，成就了中华民族多元一体的满族范式。晚清礼服守简尚显襕，女子便服纹饰由简入繁。但襕从未消失，从孤立的装饰通过改变骨式融于满纹，是一个由显入隐的流变过程。其“不忘其初”的是“礼”，也就是从“显礼”变成“隐礼”，这或许就是中华传统文化反本修古的精神所在。

---

1 杨天宇：《十三经译注·礼记译注》，上海古籍出版社，2004，第297页。

二、满族便服隐襕的基本特征

襕饰在晚清礼服中保持传统的袖襕（通袖）和膝襕，在满族女子便服纹饰中则呈现隐性的视觉效果。骨式系统的表现形式还是首次在实物研究中被发现，它通常隐藏于满布的纹样之中，以转换、朝向和排成一线的纹样形态，起到区别图案区域的目的，如果不做实物的系统考据实难发现。除了膝襕，肩襕和袖襕也是对中华襕制文化的继承，自然氅衣隐襕是最普遍的，只是隐藏在满布的纹样中，很难被辨识。值得研究的是，在此基础上它形成了特有的隐襕系统。“一制一式”的官营成造制度决定了隐襕的手工匠制便服无定制却可实现程式化的“各惟其式”，以满足拥有者的个性需求而激发艺匠的智慧。然而这不意味着可以僭越襕制正统，从晚清氅衣独特的隐襕饰语的存续也证明了这一点（图4-11）。

标本	隐襕表现形式
 清道光 绿色缎绣瓜蝶纹氅衣拆片	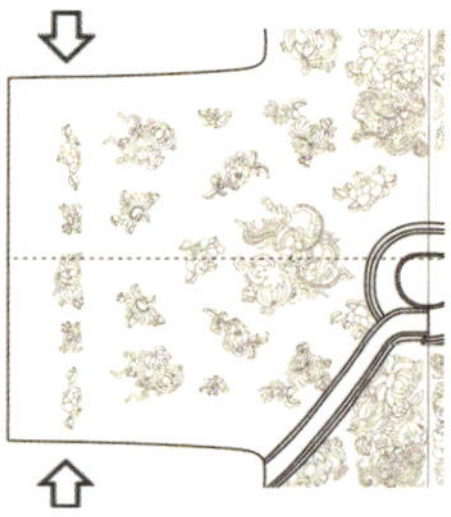 袖襕
 清光绪 绛色纱绣团金寿字纹单氅衣	 袖襕
 清 雪青色墩兰纹氅衣拆片	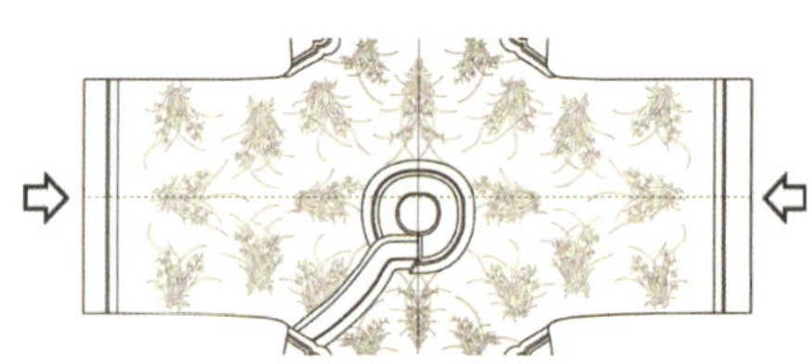 肩襕
 清光绪 绛紫色平金绣双喜字纹夹氅衣	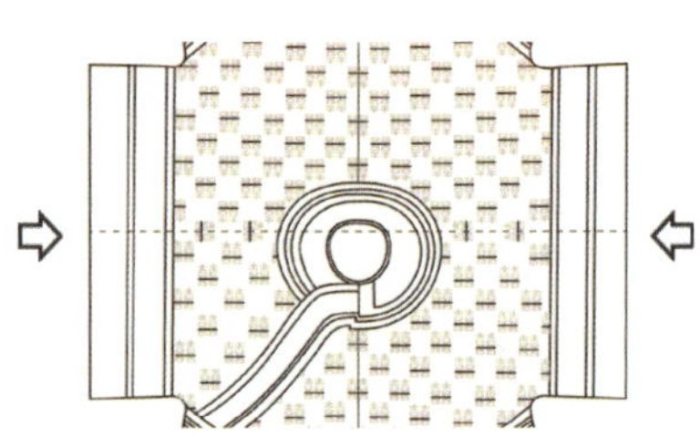 肩襕

图4-11　晚清氅衣隐襕中的袖襕和肩襕（通袖）
（来源：故宫博物院藏）

三、晚清满族女子便服的隐襕

隐襕在包括氅衣、衬衣、马褂、紧身、褂襕等便服中普遍存在，这就决定了它们惯用的满布纹样的装饰方法，也是为什么隐襕适用于女子便服的原因。然而其真实的结构机理和样貌是通过实物研究获得的，它的命名也是如此。

1. 氅衣隐襕

根据氅衣实物信息的系统整理，以故宫博物院藏品（G）（发表于《清宫后妃氅衣图典》的实物资料）、清代服饰收藏家王金华提供的标本(W)和美国丹佛艺术博物馆藏品(F)等共计160例进行统计。在实物总数中，减去素面没有纹样的13例，147例中有96%的实物纹样经营具有隐襕特征，可概括为肩襕式、空襕式、抢襕式、肩袖襕式，以及一类变异的满袖式。据统计，在五类隐襕中，最多的是肩襕式，占比超过58%，说明最具传统的肩襕（通袖）在隐襕丰富的变化中仍占主导地位。最少的是抢襕式，占比约1%。结合实物数据看，空襕式的流传时间范围最长，历经四朝；后期才出现满袖式、抢襕式。五类隐襕存在的共同点是，横向肩线与纵向中线分别为对称轴，两者形成袍料的“平面十字坐标”，以此划分纹样的置陈区域，保持十字焦点（领口）为中心的布局，五类隐襕骨式便存于其中（表4-1）。

表4-1 晚清代表性氅衣隐襕类型统计（见附录3-1）

类型	时间	标本												
肩襕式85件	道光	G37	G120											
	同治	G34	G38	G39	G43	G121	G122	G123	G125	G126	G127	G128	G129	
	光绪	G1	G3	G4	G6	G7	G8	G11	G12	G16	G17	G18	G19	G20
		G21	G22	G24	G25	G26	G27	G30	G32	G44	G45	G47	G48	G49
		G50	G51	G54	G55	G57	G58	G59	G60	G61	G62	G63	G64	G65
		G66	G67	G68	G69	G71	G130	G131	G132	G134	G136	G137	G138	G140
		G141	G142	G143	G146	G150								
	清	W6	W8	W9	W10	W15	G10	G31	G76	G77	G145	G147	G148	G149
		G152												
空襕式36件	道光	G83	G97	G100	G106	G107	G108	G110	G111	G112				
	咸丰	G108	G113											
	同治	G40	G41	G79	G87	G89	G93							
	光绪	G5	G9	G23	G28	G29	G35	G53	G73	G75	G109	G116	G117	G118
	清	W13	W14	G80	G81	G96	G119							
抢襕式2件	光绪	G2	F1											
满袖式11件	同治	G42												
	光绪	G36	G52	G56	G72	G133	G139	G144						
	清	G74	G151											
肩袖襕式7件	道光	G13	G14	G15	G33									
	同治	G124												
	光绪	G46	G70											
无襕6件	道光	G99												
	咸丰	G82	G114											
	同治	G86	G91	G98										
素面13件	道光	G78	G84	G101	G102	G103	G104							
	咸丰	G115												
	同治	G88	G90	G92	G105									
	光绪	G94												
	清	G95												

肩襕式保持纹样方向横贯于氅衣“十字形平面结构”的横轴肩线上，鱼贯串联排列与中缝线左右对称或反向对称。由肩襕图案分割的前后身区域相同的纹样，以肩襕前后对称或反向对称排列，这种看似颇具现代平面构成的织成纹样，实质有着悠久的华服文脉，即“规矩绳权衡”的深衣汉统。肩襕式是氅衣纹样中占比最大的隐襕形式，也是空襕式、抢襕式的基础（图4-12）。

图4-12　氅衣肩襕式实物G140
（来源：故宫博物院藏）

空襕式是纹样空出肩襕，以肩线为横轴前后对称满地纹样排列，因肩襕（通袖）位置无纹样而称空襕。空襕的区域宽度不定，可视为“留白”，但必须以此为准绳前后纹样相对相称。在氅衣实物信息统计中，空襕式有36件，占比24%，仅次于肩襕式，与其图案骨式亦接近，说明它们的继承关系明显（图4-13）。

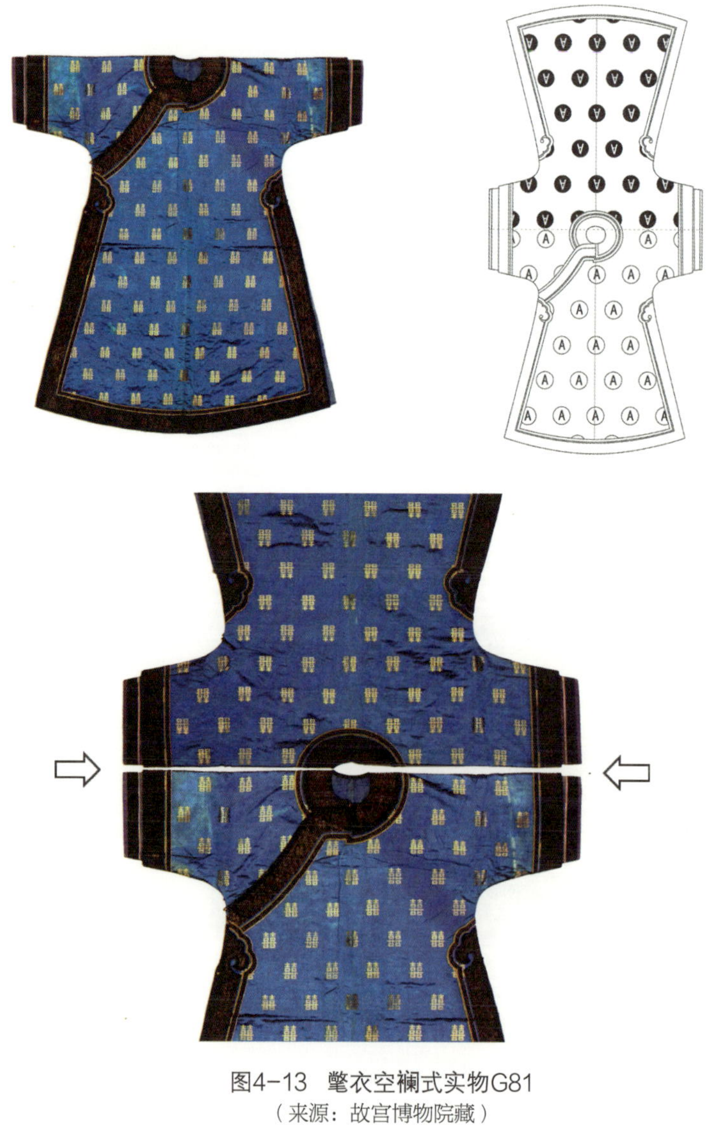

图4-13 氅衣空襕式实物G81
（来源：故宫博物院藏）

抢襕式，使肩部或肩襕纹样从属于前身，布陈图案前后身纹样的面积打破了平衡，形成前身纹样向肩襕侵占之式，故称抢襕。前后区域纹样仍然保持以肩线为横轴的关系。由于肩襕纹样从属于前身，左右不再朝向领口，与后身纹样对接时呈现对抗势态（图4-14）。

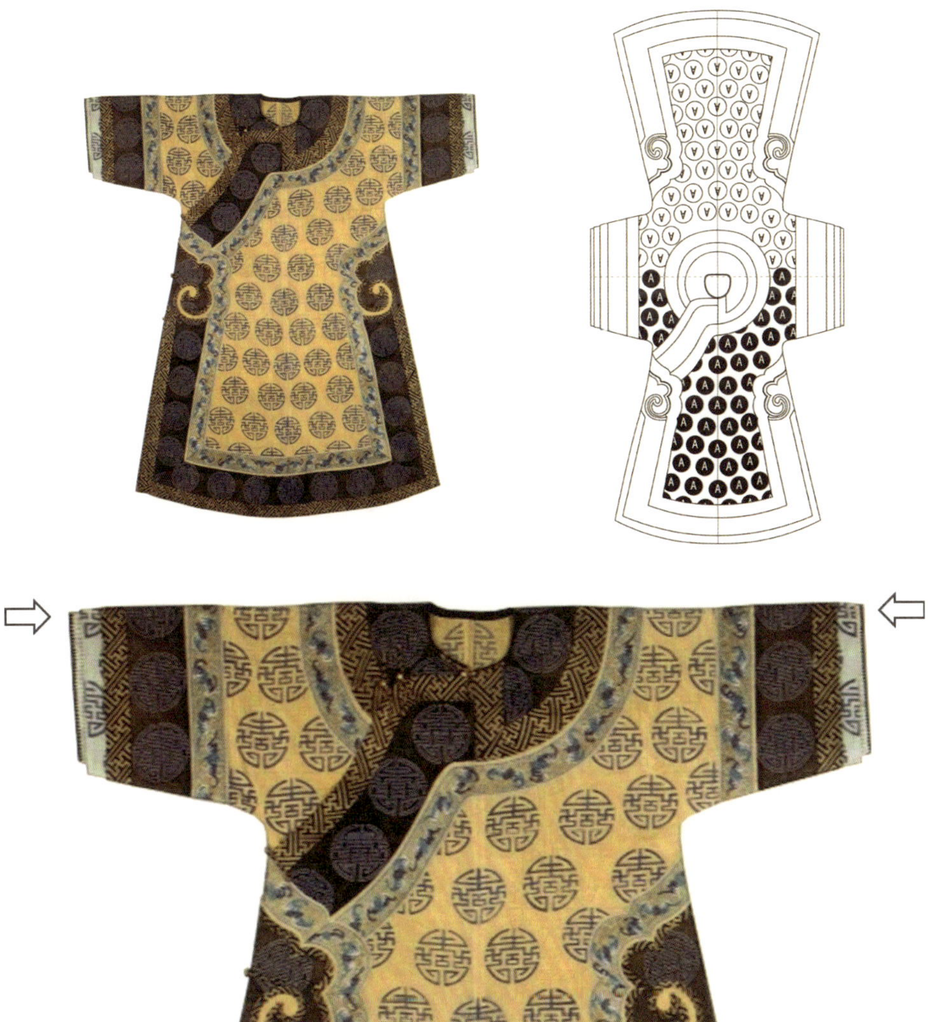

图4-14　氅衣抢襕式实物F1
（来源：美国丹佛艺术博物馆藏）

满袖式呈肩襕的扩张状态，表现为纹样覆盖整个袖子，自腋下开始向肩线逐渐缩窄，这种分区交界线类似于现代服装结构中的插肩袖结构线。满袖区域内的纹样以中缝线为纵轴左右相对相称分布，满袖以外的前后身区域，纹样以肩线为横轴前后相对相称分布（图4-15）。

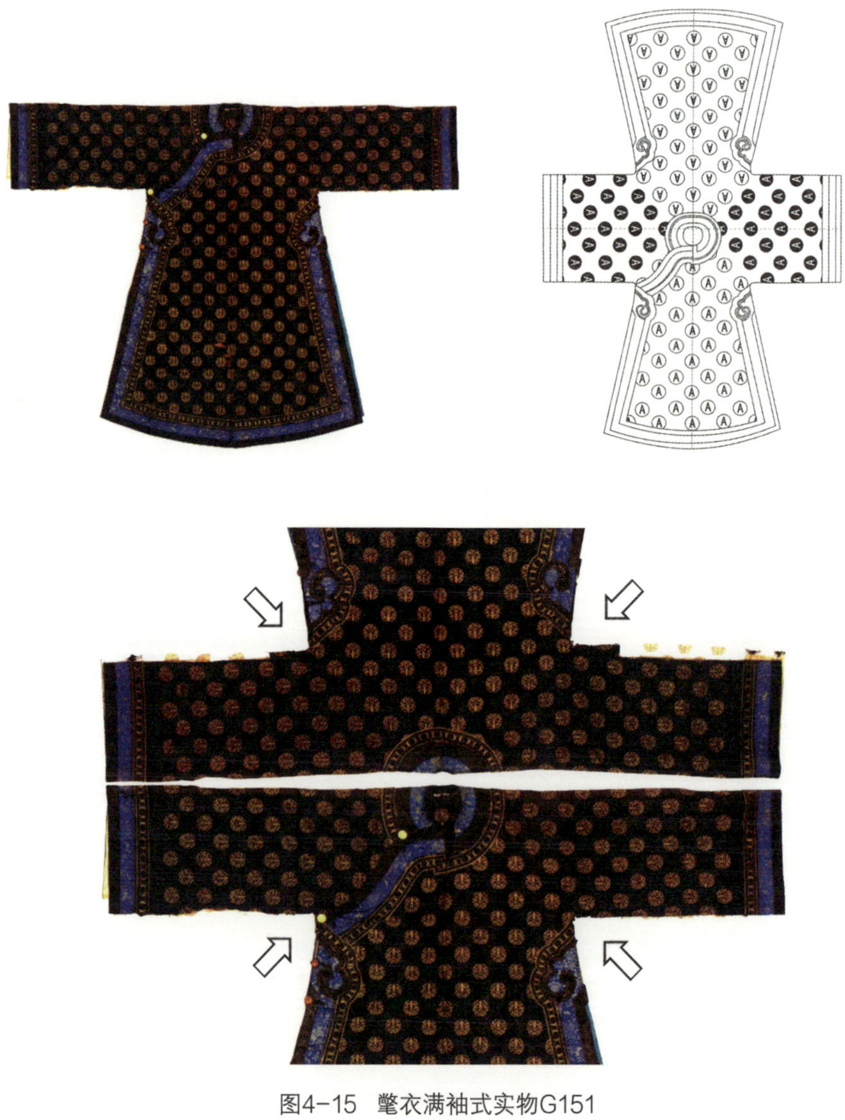

图4-15 氅衣满袖式实物G151
（来源：故宫博物院藏）

肩袖襕式是由肩襕（一个横襕）和袖襕（两个竖襕）连接形成“H”型骨式，肩袖襕式纹样以中缝线为轴左右对称，肩袖襕式以外的前后区域纹样以肩线为轴前后相对相称排列。只保留袖襕的情况尚未发现（图5-16）。

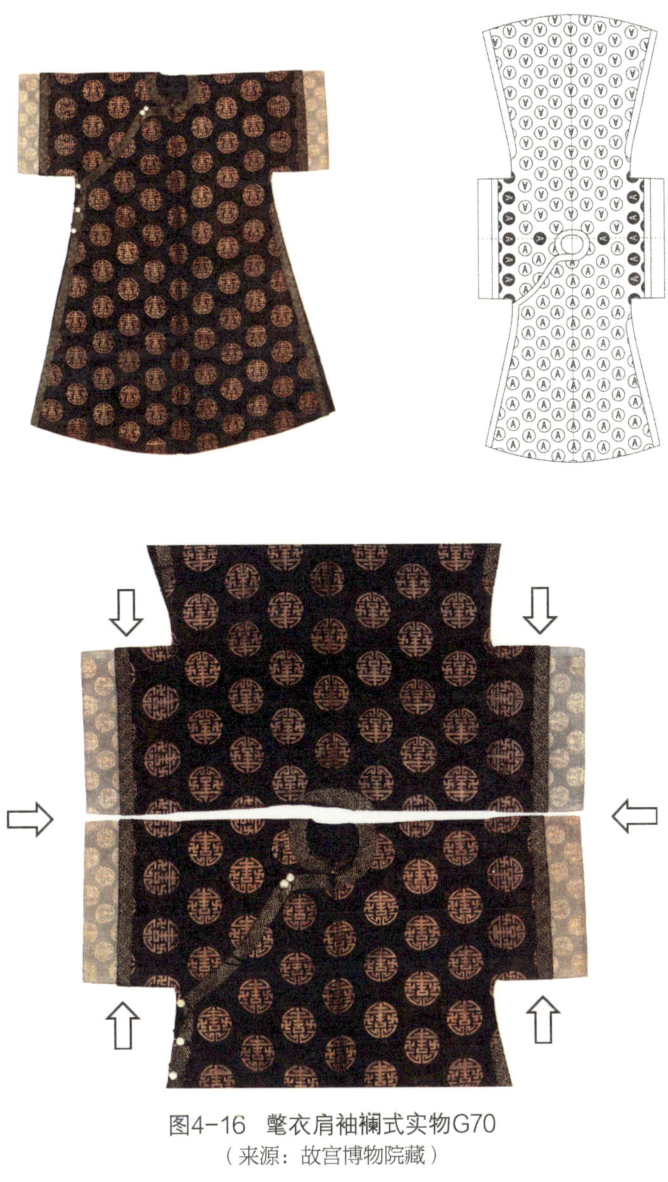

图4-16　氅衣肩袖襕式实物G70
（来源：故宫博物院藏）

2. 衬衣隐襕

衬衣的隐襕情况与氅衣的大体相同。根据衬衣实物信息的整理，以故宫博物院藏品 [发表于“故宫博物院数字文物库”（G）与《清宫服饰图典》（GG）的实物资料]、清代服饰收藏家王金华提供的标本(W)和清代服饰收藏家王小潇的藏品(X)等共计151例统计。通过衬衣信息的分析，存在四种隐襕类型，即肩襕式、空襕式、抢襕式、满袖式。四种隐襕形式之外，尚未发现肩袖襕式。无袖襕的比例增加，说明衬衣外衣化不可能达到氅衣的目标，装饰手法自然要趋弱，但隐襕的整套规则被引入其中。据统计，衬衣中隐襕类型最多的仍然是肩襕式，占比超过64%；最少的是抢襕式，占比约1%。这与氅衣隐襕类型的比例趋同。由于衬衣实物绝大部分为光绪年间，与存世氅衣的年代接近，可以说明光绪时期隐襕在满族女服的氅衣、衬衣中的风靡（表4-2）。

表4-2 晚清代表性衬衣隐襕类型统计（见附录3-2）

类型	时间	标本												
肩襕式96件	同治	GG137												
	光绪	GG138	GG139	G52	G53	G54	G59	G60	G62	G65	G76	G77	G79	G80
		G82	G83	G84	G86	G87	G88	G90	G91	G92	G93	G95	G96	G98
		G99	G101	G102	G103	G104	G105	G106	G109	G110	G111	G112	G113	G114
		G116	G119	G120	G122	G123	G124	G126	G127	G128	G132	G133	G134	G136
		G138	G139	G142	G144	G145	G146	G148	G149	G150	G141	G152	G153	G154
		G156	G157	G158	G160	G162	G163	G164	G165	G167	G168	G169	G171	G173
		G174	G175	G178	G179	G180	G181	G182	G184					
	清	X1	X2	X3	W4	W5	W7	W11	W16	GG154				
空襕式26件	光绪	G58	G63	G70	G74	G89	G97	G107	G108	G118	G121	G125	G129	G130
		G137	G141	G143	G147	G159	G161	G166	G183	G185				
	清	W1	W2	W3	W12									
抢襕式2件	光绪	G131	G140											
满袖式4件	光绪	G135	G155	G172	G176									
无襕22件	道光	G66												
	光绪	GG140	G56	G57	G64	G67	G68	G69	G71	G72	G73	G75	G78	G81
		G85	G94	G100	G115	G117	G170	G177						
	清	G61												
素面1件	同治	G55												

衬衣标本中占比最多的是肩襕式，在带有纹样的150件衬衣中，有96例是肩襕式。以衬衣G164为例，通身为墩兰彩蝶纹，横轴肩线的墩兰纹串联排列，纹样都朝向领口并以中缝为轴形成对称关系的肩襕。由肩襕分割的前后身区域，墩兰彩蝶纹朝向肩襕对称排列（图4–17）。

图4–17 衬衣肩襕式实物G164
（来源：故宫博物院藏）

空襕式是衬衣中占比为第二位的类型，共计实物26例，占比17%。以衬衣G159为例，通身为水仙团纹排列，肩襕区域空出，以肩线为轴前后纹样对称分布。在衬衣隐襕的图示案例中，选择更为自然生动的花卉纹样，由此隐襕的骨式就更加隐蔽（图4–18）。

图4–18 衬衣空襕式实物G159
（来源：故宫博物院藏）

衬衣中抢褟式是较少运用到的骨式，共计发现2例。以衬衣标本G140为例，通身饰墩兰纹，肩部纹样的朝向与前身一致，说明前身纹样的面积大于后身，实际上是将肩襕纹样纳入到前身纹样系统中，形成前进后退的趋势。但如果不对实物结构与纹样的关系进行考物学层面的研究，是难以直观发现的，这或许就是隐襕的魅力所在（图4-19）。

图4-19　衬衣抢襕式实物G140
（来源：故宫博物院藏）

满袖式在衬衣实物中有4例。以衬衣标本G176为例，通身饰团寿纹，自腋下开始向肩线逐渐收窄的左右袖纹样朝向领口，并以中缝为轴左右对称均匀分布，满袖以外的前后身区域，团寿纹以肩线为横轴前后对称排列（图4-20）。

图4-20　衬衣满袖式实物G176
（来源：故宫博物院藏）

在不具有隐襕关系纹样的氅衣、衬衣实物中，两者情况又有不同。在氅衣中是单位连续提花的暗纹织物（图4-21）。但在衬衣中除了这种暗纹提花的情况，还有一部分是在织绣过程中刻意为之的案例。例如衬衣实物G94和G117，这种随意性较强的纹样经营，一般使用刺绣或缂丝工艺实现。从实物G94看，左右前后满饰绣球纹，纹样无明显对称或连续关系。而衬衣G117是整枝竹子纹样分别饰于前后身，这种越过中缝的大型植物纹样也被称为过枝纹。到了光绪年间，相较于氅衣，穿于其内的衬衣似乎率先有意打破了十字坐标为准则的隐襕框架，显得更为灵活大胆。但其本质仍然是在传统十字型平面结构思维框架内的“挣扎”，这从过枝纹衬衣中仍旧以肩线为横轴前后身对称的布局情况就可以说明（图4-22、图4-23）。

图4-21　氅衣无隐襕提花暗纹实物G98
（来源：故宫博物院藏）

图4-22　衬衣无隐襕实物G94
（来源：故宫博物院藏）

图4-23　衬衣无隐襕实物G117
（来源：故宫博物院藏）

3. 马褂隐襕

满族女子马褂与男子的最大区别是采用丰富繁密的缘边绣作，衣身有时被挤占得只剩很小的空间，隐襕即便在这很小的空间里也未被放弃。根据马褂实物梳理，以故宫博物院藏品 [发表于“故宫博物院数字文物库”（G）与《清宫服饰图典》（GG）的实物资料] 共计35例进行统计。通过统计，马褂隐襕类型有三种，为肩襕式、空襕式和抢襕式。其中肩襕式的占比仍然最高，达49%（表4-3）。

表4-3 晚清代表性马褂隐襕类型统计（见附录3-3）

类型	时间	标本												
肩襕式17件	光绪	G1	G3	G8	G10	G12	G15	G16	G24	G25	G26	GG168	GG170	GG175
	清	G7	G11	GG173	GG174									
空襕式2件	光绪	G9	G23											
抢襕式3件	光绪	G2	G20											
	清	G19												
无襕9件	光绪	G4	G6	G13	G18	GG156	GG158	GG159						
	清	G22	GG172											
素面4件	同治	G5												
	光绪	G14	G17	G21										

对于马褂中隐襕纹样，在比较小的空间里很难辨识它的骨式，通过实物的结构研究才可能发现，还需要将实物在肩部展平才可能确认肩襕纹样的走向。以马褂实物G1为例，实物通身饰牡丹和万寿团纹。左右肩部区域内的牡丹和万寿团纹朝向领口。如果说折枝牡丹的骨式呈现曲折蜿蜒的动态走势，朝向尚显模糊，那么万寿团纹的方向性则毫无争议，且刚好处于跨越前后身的肩轴线上，并以中缝为轴左右对称分布。前后身区域内的牡丹和万寿团纹以肩线为轴前后对称置陈。通过肩部万寿团纹和前后身万寿团纹形成的十字形骨式判断，它是典型的肩襕式马褂（图4-24）。

空襕式在马褂实物中有2例。其中马褂实物G23通身为百蝶纹，肩部保持空位不置纹样，正背两区域纹样又以肩线为轴相对相称分布。马褂中抢襕式有3例。马褂实物G19通身饰团寿纹，肩部团寿纹朝向纳入前身纹样系统形成前进后退的抢襕骨式。与衬衣一样，马褂中同样存在无隐襕个例。其中2例织绣纹饰尤为奢华，彰显高难度的匠作技艺，骨式打破典型的隐襕制式呈现更自由的趋势，或许是权贵凌驾于规范的一种宣示（图4-25~图4-27）。

图4-24　马褂肩襕式实物G1
（来源：故宫博物院藏）

图4-25　马褂空襕式实物G23
（来源：故宫博物院藏）

图4-26　马褂抢襕式实物G19
（来源：故宫博物院藏）

图4-27　马褂无隐襕实物G4
（来源：故宫博物院藏）

4. 紧身与褂襴

晚清满族女子便服中，紧身与褂襴属于无袖形制，肩部较窄，加上晚清便服好为镶滚，多在一身缘边设计繁复的饰边，使得这两类便服无袖的情况下肩部通常被镶边所遮盖，因此在隐襴纹样中作为主要的肩襴式和袖襴式无法施展，也就不将紧身和褂襴列入其中，但衣身的纹样骨式仍与其他便服设计规律相同。在对21例紧身和2例褂襴实物信息的研究过程中（见附录3-4、附录3-5），对照成衣实物和绣作匹料，还是可以明显看到，在纹样经营时对于前后左右对称关系的重视（图4-28、图4-29）。从织绣好但未缝制的匹料看，紧身与褂襴由于其形制结构的特殊，匹料在制作时前后身是分置的，纹样置陈仍保持均衡对称的“向心”准则。型虽破，但“准绳”不变（图4-30）。

图4-28　紧身实物G41
（来源：故宫博物院藏）

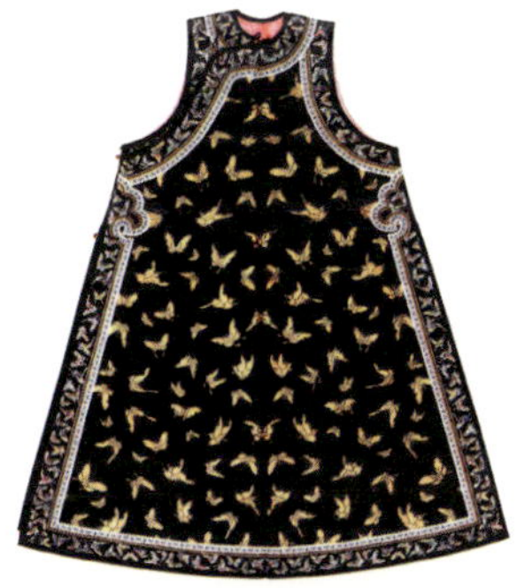

图4-29　褂襴实物GG179
（来源：故宫博物院藏）

图4-30　褂襴匹料与纹样经营
（来源：故宫博物院藏）

四、隐襕密语

在清早期，清政权虽未颁布服制典章，但从现存实物以及在康熙二十五年之前反映苏州织造情况的《苏州织造局志》所记来看，清代初期服饰称谓和形态皆继承明制。清早期实物以朝服、吉服为主，传世满族女子便袍极少。从雍正六年薨的固伦荣宪公主墓葬出土的两件便袍实物观察，其纹饰明显带有吉服形制，八团纹下配江崖海水纹。此外从可考画像和实物看，早期女子便袍面料多为纯色或带有暗纹。乾隆年间便袍的花纹集中于下半身且骨式并不规范，此时朝服和吉服的纹章逐渐明确，纹样骨式稳定，便服仍然有随机置陈的纹饰。

到晚清道光年间，便服开始全面转型。从传世实物看隐襕类型有肩襕式、空襕式、肩袖襕式，置陈形式仍然有明显模仿吉服的痕迹，八团位置不变，团纹轮廓近似方形，此时袖口可舒可挽展开的部分多设有袖襕。另外从宫廷人物画《道光帝喜溢秋庭图轴》《道光帝行乐图轴》和《孝全成皇后便装像轴》可见，服饰可见皆通身设有纹饰，依照前身和肩部纹样关系判断，或为抢襕式和肩襕式。在咸丰年间，咸丰三年（1853年）太平军攻占南京，咸丰十年（1860年）攻占苏杭，三织造先后毁于兵火，此时便服多为暗纹、团纹，少有绣作，官营织造基本停滞。同治时期短暂的中兴使得隐襕得以光大，出现满袖式，另外有肩襕、空襕、肩袖襕三种。光绪宣统时期出现抢襕式，挽袖被固定，肩袖襕式减少，肩襕式、空襕式、满袖式同时存在。光绪三十年，江宁织造被裁撤，苏杭织造名存实亡。宫廷女子便服设计制造随着清政府的没落陷入无政府状态，至此匹料绣作精妙的纹样经营中的意匠精神变为了僵化空洞的老旧装饰，成系统的隐襕匠艺逐渐被人们遗忘。民国初年清朝的遗老遗少贵妇们仍有穿着氅衣、衬衣者，可见有肩襕式、空襕式和满袖式。

晚清便服全面转型之初，纹样经营主要模仿比满族规格更高历史更久的汉统服章，这是一种上行下效的表现，且擅长从不同类型的既定品类系统中提取经营方式。随着时间推移，满族女子便服的纹样系统便从汉制变为了满俗，到了光绪时期达到高峰，此时满族女子便服的流行样式以集权人物为导向，多数满族贵妇趋之若鹜。在并非大祭的集会上，周围的人都穿着正式的吉服，唯慈禧却着一身氅衣。这种对氅衣的推崇，一定程度上与后来民国初年氅衣作为女子小礼服使用的现象有因果关系，此时对便服纹样的经营达至顶峰。隐襕饰语随着改朝换代再度陷入无政府状态，至此便服内精妙的骨式经营被掩盖在僵化空洞的繁复装饰外壳下，而它的“初心”却逐渐被人们遗忘。讽刺的是，民国初年旗袍的横空出世，也正是从继承氅衣精髓的另一个侧面而来，其精髓并非经营纹样系统，而是对右衽大襟的十字型平面结构的突破性继承。事实上，此时的流行焦点已经从清宫皇室转变为大胆求新的名伶艺人，满族女子便服从一种时世高贵的燕服逐渐沦为老年满族妇女穿着的前朝古装。“自由民主”风格倒是青出于“襕”而胜于“襕”，它或许是让旗袍不忘其初回归的原因。

五、结语

对晚清满族女子便服的数百件实物信息作了系统分析，详细列举了具有代表性的氅衣、衬衣以及马褂、紧身的隐襕类型分布与具体形态。值得注意的是，肩襕是源自古制的通袖，空襕不过是肩襕的简化版，说明它们是流传有序的系统。事实上，肩襕式是晚清满族女子便服隐襕骨式的主导，空襕式为其次。便服中的满地纹样完全可以采用同一种排列方式，何须如此费心地经营它们，做视觉上几乎无法被人察觉到的用工。但实物研究所呈现出来的却是多种具有隐襕饰语的满地纹情况，这并非匠艺的需要，也不是法律或特定阶层的规定，那么其隐襕系统的出现应当被视为一种人文密码。

没有了典章规制之限，女子燕居所着的便服体系仍然重视反本修古的修身美德，制有形于无形，便服纹饰存在于无形的规矩之中。《礼记·深衣篇》释："古之深衣，盖有制度，以应规、矩、绳、权、衡。……制：十有二幅以应十有二月。袂圜以应规，曲袷如矩以应方，负绳及踝以应直，下齐如权衡以应平。故规者，行举手以为容；负绳抱方者，以直其政，方其义也。"[1]秦汉之祖，在深衣中以袂圜、曲袷、负绳、下齐，示规矩、权衡、准绳之道。纵使历经千年，织造工艺进步，装饰纹样变化，但不变的仍是"以应规、矩、绳、权、衡"的中华文化内核，这也正是存续在晚清满族女子便服隐襕饰语中"满俗汉制"所蕴藏的纹章意涵。

1 杨天宇：《十三经译注·礼记译注》，上海古籍出版社，2004，第781-782页。

第五章

晚清挽袖的结构与纹样

挽袖作为满俗服制称谓在晚清被正式确立，是指专属女子便服的袖缘样式。挽袖本是指出于方便手臂活动，将袖口向上挽起的习惯动作，当然也并非满俗，且男女均有。值得注意的是，挽袖为什么会成为满族妇女便服制式的标志物，在历史上与汉族儒家女德教化存在何种联系？回望挽袖的传承历史，不难发现它是在明清时期的发展中逐渐被礼化的。挽袖前身为元明时期百姓燕居时的素地宽褾，至明末锦绣宽褾成为日常妇行教化的载物，燕居女服舒挽共治格局形成。清初服制强化满俗成为正统，但民间女便之服被视为琐屑家事，只有谕令而不立典章。数代太平盛世后，锦绣宽褾被汉人商品化、礼服化，到清朝成为满俗清风，但这并非皇权所愿。直至清嘉庆的“秀女汉妆”事件，才引发朝堂震悚，随后道光帝在规劝旧俗回归同时，又于宫廷内悄然实行内廷命妇便服改制，其中就有将汉属袖缘与满女袍服杂糅，后于同治初年定名挽袖，载入御制清档。清末，慈禧的照片外交又使得挽袖远播欧美，最终成为封建伦理蚁溃的隐寓。

一、挽袖从闺阁到宫闱

衣服使用缘饰，早在深衣时代便有记载。《礼记》以缘饰质地、色彩不同，来区别男子的宗族身份、等级尊卑和出席场合。郑玄有对衣缘作注：“饰衣领袂口曰纯，裳边侧则曰綼，下曰緆也。”[1]领、袖自古以来，在人们心中便具有重要意义，居于缘边的首位，两者合称为“纯”，清末便服挽袖为此提供了展示妇女个性绣艺的绝佳范式。

1.敬物尚俭和妇行教化

《明史·舆服志》记载：“领褾襈裾，褾者袖端。”此时为适应单独使用的需求，袖缘已从“纯”的共同体中剥离出来，单指时为“褾”。又载，洪武五年(1372年)定服色禁令：“民间妇人礼服惟紫絁，不用金绣，袍衫止紫、绿、桃红及诸浅淡颜色，不许用大红、鸦青、黄色，带用蓝绢布。”[2]在制度的引导下正色与金绣成为权力的专属，因此明初民间妇人燕居之服不论款式，虽与领缘质地异同皆有，但皆呈现出素净无华的缘饰特征。这种素地宽褾也记录在明正统四年(1439年)绘制的《妇容像》中[3]。主位端坐的妇人身着袄裙，外套对襟直领半臂，手托念珠。立于身后的侍女，身穿交领右衽袄裙，双手拢在袖中。画像的明初女服还具有宋元遗风，主仆二人虽身份不同，但均在领周缀有深色护领，袖端为素褾。另外明代宗族像中见有男子使用。由此可见，素地宽褾为民间男女、老幼、主仆均可使用，以护袖口易损、素褾、便于更换功能为主，这初衷不过是敬物尚俭（图5-1）。

明代晚期，随着染织技术、纺织经济的发展，社会生活水平日益提高，服制上女子袖口越发宽大，袖缘向多彩多纹发展。明初罗列的服饰禁令，反而成为人们眼中非富即贵的彰显符号。也就有了《金瓶梅》里妇女利用红锦、金绣的袖缘来争颜面的情节：“妇人道……你把李大姐那皮袄与了我,等我攘上两个大红遍地金鹤袖,衬着白绫袄儿穿。”[4]不仅绣作纹样的袖缘成为流行，还衍生出了新颖的袖式结构。明末，以鲁地民间生活为蓝本的《醒世姻缘传》中出

1 郑玄：《礼记正义·下》，上海古籍出版社，2008。
2 张廷玉等：《明史4》，吉林人民出版社，2005。
3 石谷风：《徽州容像艺术》，安徽美术出版社，2001。
4 笑笑生：《金瓶梅》，亚洲文化事业公司古籍部，1980，第794页。

图5-1 明代《妇容像》的素地宽褾（挽袖的雏形）

现了挽袖而施缘的样式，第十八回道："一日，又有两个媒婆……一个从绿绢挽袖中掬出八字帖。"[1]民间女子那世俗生活里的琐屑，被事无巨细地写进世情小说中，留下明代民间闺中生活的情景。

明代汉女在袖缘上绣纹的风尚，一定是从敬物尚俭的功用中升华，才有可能发展，这个升华抑或成为儒家女子礼教蓬勃发展的社会缩影。明清时期女子教化的理论基石《女四书》，四部中两部著于明代，即明成祖徐皇后的《内训》与儒生之母刘氏的《女范捷录》，后者也是唯一出自民间的卷丛，足见明时女子教化所受的重视程度。女子燕居时将所学所得化作锦绣撵于袖端，穿着时双手拢在身前，精致的女红便一目了然。《女诫·妇行》称："女有四行，一曰妇德，二曰妇言，三曰妇容，四曰妇功。"[2]妇行的整个教化过程，完美地嵌套进了袖缘里，充盈着她们的燕居生活。女为悦己者容，袖缘使女子苦练的妇功找到了展示的媒介，也使观者（主要是针对男子）感到家族伦理有序的尊严与满足。这种使得双方都能获得愉悦的燕居礼仪，或许正是装饰性袖缘能够在明清汉族女子中存续风靡的原因。

1 西周生：《醒世姻缘传·上》，天津古籍出版社，2016。
2 王相：《状元阁女四书》，书业德，1898。

2. 从锦绣宽褾到秀女汉妆

明末清初皇权易主改朝易服，入世的汉儒们必须以“剃发易服”为前提，才有可能实现经世致用的人生意义。这批汉人不但是创造清初历史的中坚力量，也正是他们的影响，形成了大清王朝满俗汉制的文化底色。而汉族女子则在相当长一段时间里失去政治角色，退居到“母系”宗族的家庭关系之中，《红楼梦》的贾母中心地位便是满人天下汉统一方的时代缩影。

台面下的满汉服饰与其说是相安无事，不如说是一损俱损一荣俱荣。清代的服制变革是既残酷又宽宏的矛盾体，它一方面强制人们在政治舞台上改头换面，一方面又放弃使用典章制度去干预汉人宗族内部的伦理教化。尤其是女子燕居服饰，就这样在几乎无制、被法律忽视的境遇下，“无名无分”地滋长了百余年，一同助长的是妇属物品的商业经济。《扬州画舫录》记载了乾隆年间扬州翠花街店铺里售卖的式样：“女衫以二尺八寸为长，袖广尺二，外护袖以锦绣镶之，冬则用貂狐之类。”[1]市井中，“外护袖以锦绣镶之”，已然成为商品化式样的标签。此外，经过入世汉儒们的不懈努力，汉人士大夫阶层逐渐登上政治舞台。夫妻同制便是清承明制的结果，从而诞生了一批宗族画像。清代嘉庆时期的二品文官朱理与夫人像，前排是朱理的两位夫人，从左尊右卑和凤冠质色相对证，朱理的左手边是原配胡氏，右手边为侧室张氏（见图5-2）。胡氏先于朱理十年去世，张氏成为并嫡，使二人能一同绘入画像。画中两位命妇分别头戴金质和银质凤冠，身着石青方补褂，女褂袖端略大于男褂，褂内为上袄下裙，红裙为原配，蓝裙为并嫡。红裙内袄袖端向外挽起包裹住外褂袖口，露出反面的锦绣宽褾，颜色为月白和杏色，纹以织绣结合，边沿还有织带镶滚。朱理出身徽州泾县儒商名门，是家族史上品级最高的朝臣[2]，其身份地位正说明了清代锦绣宽褾作为命妇礼仪，在汉俗服制等级中的提升，挽袖从燕居之私，终外显为祖俗的象征。缘饰搽于袖里，可以在不更改服制的

---

1 李斗：《扬州画舫录》，周春东注，山东友谊出版社，2001。

2 朱理：1761-1822，字燮臣，号静斋，安徽泾县人。历任山西主考官，衢州知府，福建兴泉永道，浙江、山东布政使，光禄寺卿，顺天、武会副考官，江苏巡抚，内阁学士。嘉庆十九年迁刑部右侍郎，二十年改仓场侍郎，二十一年改刑部左侍郎，旋改贵州巡抚。

情况下，挽起袖口露出缘饰，美其名曰以“外护袖”（挽袖）昭示宗族“锦绣”前程。足可见锦绣宽褾在汉族女子服饰上非挽袖而已，且只用于女子身上不仅是装饰意义，更有宗族期望的现实意义（图5-2）。

图5-2 清代嘉庆汉臣朱理及其夫人像（挽袖礼制的晋升）

宫墙外是汉族女子锦绣宽褾的商品化与汉统祖制的发物光大，宫廷内则是汉女挽袖与旗女便服改制的战场。清代嘉庆九年(1804年)伊始，以“秀女汉妆”为导火索，嘉庆帝于同年二月、五月多次谕旨，道：“镶黄旗都统查出该旗汉军秀女有缠足者，并各该秀女衣袖宽大，竟如汉人装饰，著各该旗严行晓示禁止。”[1]清廷不得不直面服制汉化的政治危机，重申满族旧俗，并发起多次汉妆禁令。清代嘉庆十一年(1806年)五月谕：“本月初八日，曾降旨令嗣后

---

1 李桓：《国朝耆献类征初编149》，明文书局，1984，第143页。

八旗汉军兵丁之女俱无庸挑选，此乃朕体恤贫穷兵丁……男子尚易约束，至妇女等深居闺阁，其服饰自难查察。著交(八旗长官)留心严查，傥各旗满洲、蒙古秀女内有衣袖宽大、汉军秀女内仍有裹足者，一经查出即将其父兄指名参奏治罪，毋得瞻徇。”[1]显然，清朝皇室也已成为汉儒伦理的附庸，女子亦成三从四德的践行者。同年，内阁侍读学士文通提出“请将八旗妇女袍褂袖定尺寸编入会典”和“令衙门将街市估衣铺、成衣铺，袖式一概不准违制宽大做卖”两项奏请时，却遭嘉庆帝驳斥：“若如文通所奏，则将妇女衣服尺寸明立科条载之会典，其细已甚。且市肆贸易之所，亦纷纷饬禁，徒滋繁扰，何成政体乎？所奏太不晓事，原掷，还又奉。”[2]因此汉妆禁令在内廷作用有限，因为满俗汉制已成大势，且为社会共识。不光是汉女交由宗族内部管制，连同满蒙八旗女子的袍褂袖制也被视为家私、女事琐屑，而顺理成章地“逍遥法外”。终嘉庆一朝，“秀女汉妆”事件的发酵，一次驳斥、一次贬官，彻底平息了朝堂舆论，民间则以男子自行管教执行禁令。

事实上，晚清汉妆禁令是一回事，秀女汉妆又是另一回事。清道光初年衣袖宽大的汉式妆束依然在各族旗女中风靡，但祖训不可违，汉妆禁令还在，仍需维护表面的体统。道光十九年(1839年)对第二年的选秀下了道欲盖弥彰的谕旨：“朕因近来旗人妇女不遵定制衣袖宽大竟如汉人装饰，上年曾特降谕旨……惟思明年又届挑选秀女之期，恐此等浇风仍未能湔除净尽……该管各员恪遵前旨，家喻户晓，一切服饰悉遵定制，倘明年挑选之时仍有不遵定制者……决不宽贷，勿谓言之不早也，将此通谕知之。”[3]秀女选拔作为清代民间旗女为数不多需要亮相的政治舞台，成了道光朝一场心照不宣的“旧俗”演出。“浇风”是将秀女汉妆视为世风浇薄的耻辱，必须湔濯前罪，而“悉遵定制”虽不是秀女的汉妆，也绝不是清朝的旧俗，或称满俗汉制。这种旗妆改制与其说是满族汉化，不如说是清朝政府为挽旧俗而顺应大势的折衷。

1 孔昭明：《台湾文献史料丛刊第4辑62・清仁宗实录选辑》，台湾大通书局，1984。
2 《起居注》，中国第一历史档案馆，文件名: 4011000944。
3 《上谕档》，中国第一历史档案馆，文件名: 0309510312133。

3. 同光中兴的挽袖

道光朝，宫廷悄然开始旗女便服改制，将汉女缘袖同旗女袍服旧制杂糅。女服改制以一种极为隐蔽的方式进行，在御制书信中仍然维持袍、衬衣的旧称，只对制式作局部改动，故宫现存《喜溢秋庭图》和《孝全成皇后与幼女像》等画像中均可见旗女便服的新式样。宫廷满女便服缘袖，早期同样多是汉人的“宽缘素褾”，就像是另一个时空流行轮回的开始，至清代道光八年(1828年)御制命妇便服在袖上织纹才成为惯例，染织局曾上奏：“窃查本局年例，各项活计内袍料一项，向系素袖，并无团花，本年五月奉堂谕，着将每季袍料装袖上，嗣后亦添织花团等谕，职等现遵照饬匠敬谨办理。”[1]

同治七年(1868年)十月开始提出挽袖在御制便服中的需求：“氅衣、紧身、马褂、褂襕等件，边子俱要元青地，各随本身花样。挽袖要白地，各随本身花样，贴边也随本身颜色花样，其边子、挽袖、贴边俱单随。”[2]同治朝，改制女子便服至此名正言顺，便服形制亦有规定，袍双侧开衩名为“氅衣”、一侧开衩称“衬衣”，长褂无袖为“褂襕”，短褂无袖为“紧身”，短褂有袖为“马褂”等（参见图2-7）。此外，衣身所用缘边定制三类，分别成造。其一，专用于袖的缘饰为“挽袖”；其二，饰于通身且宽为“边子”；其三，饰于通身且窄称“贴边”（参见图1-13）。同年十二月载：“其呈进氅衣、马褂，共四十六件等。再传做挽袖四十六分(份)，绣缎江绸氅衣随绣缎绣江绸挽袖……其挽袖要白地、湖色地，俱随本身花样。再未解交氅衣、马褂，挽袖均著照本身材料花样织做，其颜色要白地湖色地。”[3]此封呈稿标志着挽袖的御制惯例形成，表现为袖身质地相协调、异色搭配和成套定制的特征（图5-3）。

---

1 《呈稿》，中国第一历史档案馆，档号：05-08-019-000029-0026。
2 《呈稿》，中国第一历史档案馆，档号：05-08-012-000061-0002。
3 《呈稿》，中国第一历史档案馆，档号：05-08-012-000060-0080。

挽袖　　边子　　贴边

图5-3　晚清女子便服缘边类型

（来源：故宫博物院藏）

清同治八年(1869年)，御制又将氅衣、衬衣的袖宽作出尺寸规定："各所有氅衣、衬衣面袖口尺寸，现系遵照前颁发金团寿字衬衣面式样办理，计袖口一尺二寸五分。"[1]从同治朝袖口宽一尺二寸五分来看，已与《扬州画舫录》中记载汉女的袖广尺二相近。清光绪年间的宫廷织造记录中，挽袖的织绣已渐成体系，不再单独记述。满女便服种类中，由于氅衣、衬衣均配有挽袖匹料，在提及其名称时是不加的，但紧身、马褂添做挽袖，属于特别式样，因此会在称谓中以"舒袖""有袖"或"挽袖"加以区分。实际待到宫内取料裁制时，内廷命妇又常为了彰显皇室风范而精益求精，翻折的形式愈发繁复，纹样布局也不再承袭"前寡后奢"的汉制，改设满饰，使御制挽袖彻底异化为满俗，也失去了汉俗以纹形施教化的作用。

清末，由于慈禧对晚清改制女服的喜爱，挽袖也随之暴露于国际社交舞台的聚光灯之下。光绪二十九年(1903年)，清政府驻法国公使裕庚任满回国，慈禧请来其子子勋为自己拍照。这些御容相除了悬挂宫内以供慈禧欣赏之外，还将其赏给王公大臣和各国公使夫人，此后"清朝皇室社交御照"便频繁出现在欧美国家的书籍刊物之上，成为"相片外交"[2]的见证。值得注意的是，具有

1 《呈稿》，中国第一历史档案馆，档号：05-08-012-000061-0002。
2 单霁翔：《故宫藏影：西洋镜里的宫廷人物》，故宫出版社，2018。

标志性的这张慈禧与命妇、太监、侍从等在颐和园仁寿宫前的合影，慈禧皇太后身穿挽袖氅衣，展露出难得一见的笑容，而簇拥的众人不论男女都穿的是带有马蹄袖的吉服。这是清朝首批接受西洋摄影技术拍摄的皇家形象，却成为清朝皇室颠覆祖训旧俗的实证，同样定格了挽袖从士庶闺阁最终走向封建权力中心的高光时刻。御制挽袖的“正名”，引发民间上行下效，清末《二十年目睹之怪现状》中描写上海市井时也统一了称谓：“只见另有一个人，拿了许多裙门、裙花、挽袖之类，在那里议价。”[1]可见，挽袖在那个时代虽不是礼服的形制，亦不能登大雅之堂，却是非富即贵的标签（图5-4）。

图5-4 穿着挽袖氅衣的慈禧与着大礼吉服的众人合影
（来源：故宫博物院藏）

1 吴趼人：《二十年目睹之怪现状》，天津古籍出版社，2004。

二、晚清挽袖的满俗汉制

从文献史料追溯挽袖发展的历史，很难呈现它的完整信息，文字记史本身是由一部分占据话语权的人所书写，这恰恰不是作为非主流的挽袖受用者的主体，因此唯有仰仗考物，才能获取挽袖的物质形态背后的意识形态信息。本节通过传世晚清满、汉女子便服实物为取样对象进行比较研究，对挽袖的结构形制和纹样布局的组合关系、构成规律进行分析。满族实物总计186例，包括氅衣159例、衬衣17例、马褂10例，紧身和褂襕为无袖故不作统计，实物信息来源为《清宫后妃氅衣图典》[1](G)、《清宫服饰图典》[2](GG)的故宫旧藏，以及清代服饰收藏家王金华(W)和王小潇(X)提供的藏品。此外，还有清宫旧藏带有黄签的实物信息，并结合汉族女子上衣实物信息共计59例，包括袄31例，褂28例，主要来源为北京服装学院民族服饰博物馆(M)和王金华的藏品。

1. 挽袖结构的满奢汉寡

根据统计，满汉女子便服由四种袖制构成，即舒、挽、翻、出，这是指视觉上的结构特征，事实上通过它们的组合会更多。袖子自然展开为“舒”，袖口向上折起为“挽”，将挽起的部分再向外翻折一部分是“翻”，挽袖口向外露出一截袖口折檐为“出”。实际制作时，以袖宽一尺二寸(约40 cm)左右的布幅，要使挽、翻、出等在举止间得到定型，必须多费心机巧作才行，这是一个刻意实现的技艺过程。

基于袖制结构对满汉实物的统计来看，汉族以舒袖和挽袖为主导，分别占汉族实物总量中的53%和44%，其他形式极少；而满族则以挽翻袖的数量最多，占比达44%。总体看，满族袖制类型丰富，且工艺复杂（表5-1）。

表5-1　满汉便服袖制结构类型统计

类型	舒袖	挽袖	双挽袖	挽翻袖	挽翻挽袖	挽翻出袖	挽翻双出袖	出袖	总计
汉族	31	26	0	1	0	0	0	1	59
满族	28	42	7	81	14	8	1	5	186

1 殷安妮：《清宫后妃氅衣图典》，紫禁城出版社，2014，第364-367页。
2 严勇、房宏俊、殷安妮：《清宫服饰图典》，紫禁城出版社，2010，第 223-277页。

在挽袖缘饰与挽袖结构两者对应关系中，汉族26例挽袖实物中只有1例未使用挽袖匹料，在31例舒袖实物中多达24例使用挽袖匹料作为缘饰。说明在汉族挽袖便服中无论是挽袖还是舒袖，都要以挽袖匹料作为缘边。挽袖结构与挽袖匹料这两者并非固定搭配。与此相反，在满族便服中挽袖匹料与挽袖结构的使用具有一致性。由此可见，满俗挽袖不管在结构还是纹样上都形成了一套代表便服的标志性语言系统，这确是满族所特有，而舒袖则只使用贴边或边子作为缘饰。

通过晚清满汉女子便服实物袖制结构比较，可分为汉式、满式和满汉共式。汉族的袖制结构类型在明清两代发展过程中已经趋于稳定，晚清依旧以舒袖、挽袖为主导。而满族在晚清道光改制初期也为舒挽共治，到咸丰、同治年间形成了过渡制式，如双挽袖和挽翻挽袖，但它们都是在不影响视觉效果的基础上隐秘地调整袖长，说明这两种结构是基于实用性形成的制式。到了光绪时期挽翻袖最终成为满族的绝对主导后趋于稳定。崇尚挽翻袖必然带来文化的过度发展，这或许是晚清过度娇饰风格的真实例证。也出现了个别极度繁复的案例，如挽翻出袖和挽翻双出袖。形制与缘饰的配伍，可理解为满汉袖制理念的不同。汉女袖缘是明代晚期妇功、妇容倡导下的产物，结构工艺不宜过度，否则必属无礼少德之举。在清代乾隆商品化社会出现时，仍以外护袖作为主要卖点贩售，挽袖称谓是在同治年间满族女服改制中确立的，目的在于利用缘饰用途作便服的精细区分来取得程式化标准，缘饰与结构在挽袖中取得对应性的稳定使御制过程更有秩序，由此奠定了它作为便服统称的地位，或为其升格为礼服埋下伏笔。清末民间也开始统称挽袖，主要是上行下效的结果。晚清满、汉挽袖作为明清女服袖缘双轨发展的终点，其本质既有矛盾也有共荣。挽袖由汉族所生，文化思想基础深厚，晚清汉族占士庶群体多数，因此它代表了传统的、世俗的、士庶阶层的真实生活化形象，是非体制艺术的产物。而满族作为后起之秀，拥有强大的官营承造能力，可以借助和利用汉族的文士画匠、纺织技术快速提升和实现挽袖从士庶到皇戚的异化，它从汉族到满族代表了制度的、机巧的、皇贵阶层的真实生活化形象，是体制内艺术的产物。挽袖的满俗汉制就有了共同基因的各自表征（图5-5）。

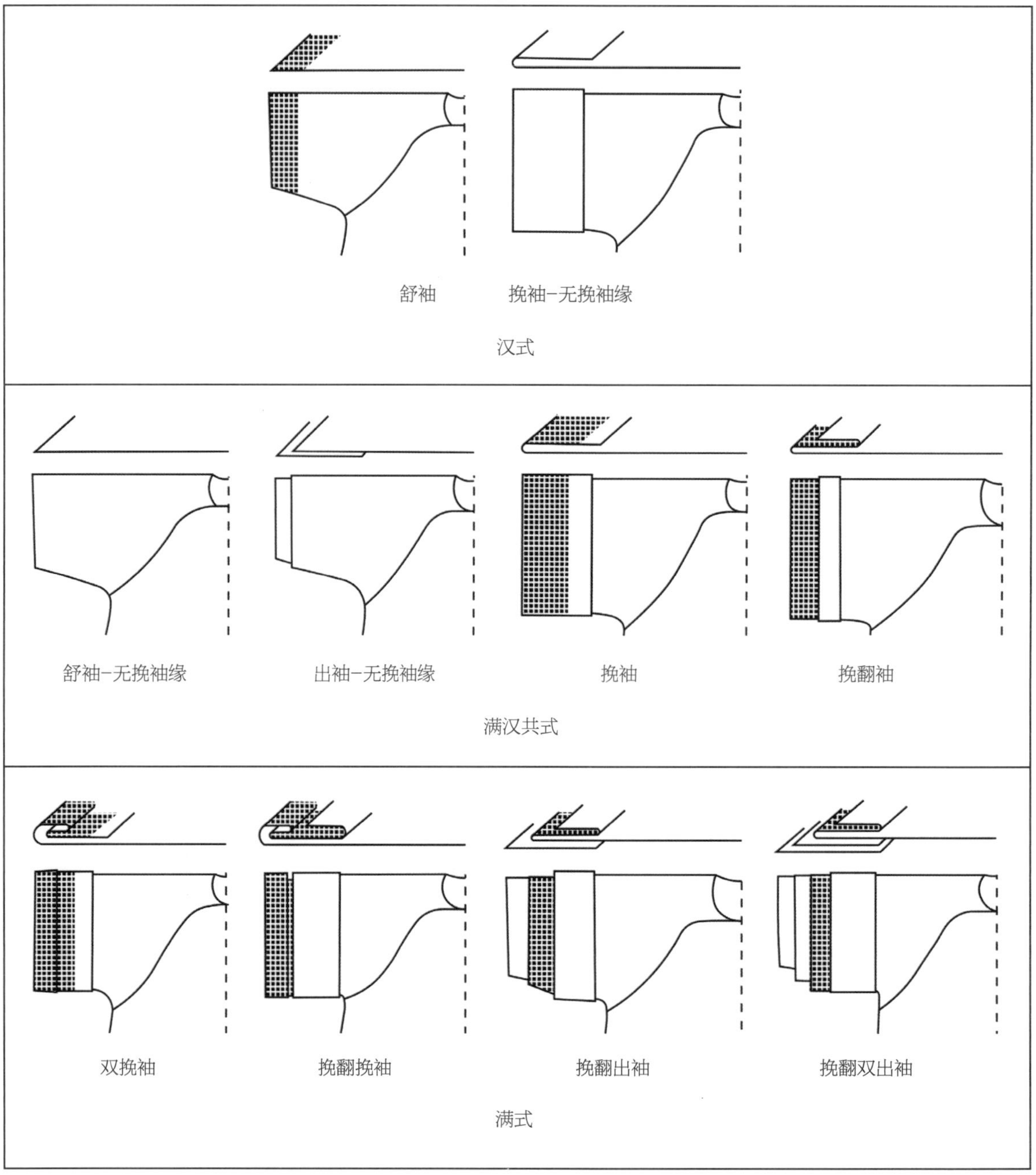

图5-5 满汉袖制结构的表现
（网格图案表示挽袖匹料）

2.挽袖纹样从女德教化到“民主自由”

将挽袖中不具有缘饰的实物剔除，剩余满族153例和汉族51例，进行挽袖纹样的布局研究。通过实物的系统分析，挽袖在织绣成匹料时，纹样的布局，汉满有明显的区别，汉族以前寡后奢布局为主导，满族以满地布局为主导。满汉在纹样布局上各有倚重，但两者都出现过与其主流制式截然相反的案例，如汉制有前寡后奢反例的出现，满制也有满地的反例素地出现。但无论如何它们都是个案，或因出现的特殊情况，或因不入流匠人自己理解等，这些不能构成颠覆主流的认知，因为既定的挽袖纹样骨式是在深刻传承积淀中形成的，特别是其中女德背后的儒家伦理，深刻地反映在袖缘纹样的前寡后奢布局之上（表5-2）。

表5-2 满汉挽袖纹样布局类型

类型	前寡后奢	前奢后寡	素地	留空	满地	总计
汉族	41	4	0	0	6	51
满族	2	0	38	1	112	153

十字型平面结构释读着中华古代服饰结构的基本形态，满汉皆如此。汉制便服挽袖的主流纹样布局以肩线和前后中线为十字坐标左右对称，而前后纹样以肩线为界呈前寡后奢分布，似乎与人们惯常的认知相反，在汉制中传承的根本是源于根深蒂固的儒统妇道礼制。追溯源头已无从可考，但从表缘的实测考察比比皆是。如前文提及的明初妇人像和清中期朱理夫妇的宗族像，可见女子均将双手合拢在前，男主则并不需要如此（见图5-2）。衣袖几乎将双手遮盖，袖缘顺势一分为二，使前半袖缘朝向内，后半袖缘则展露于前。女性这种标准手势与源于周代的拱手礼颇为相似，与拱手礼一样，在朝代更替中手势标准会有细微变化。作为贵族妇女的社交空间主要在宫闱闺阁，“合袂示礼”便成了妇行修德的标配。这使得前寡后奢的纹样展露无疑，一方面宣示女德徽帜，另一方面向观者展示女红的精湛。1867年，在第二届巴黎世界博览会上拍摄了来自清同治朝福建茶艺女子影像，可见端坐的汉女身穿挽袖袄，以肩

图5-6 清同治汉女挽袖纹样前寡后奢的奥义
（来源：巴黎BERTAIL&CIE摄影室）

线折痕判断前后，其挽袖纹样便是经典的前寡后奢布局。不能越雷池的明清闺阁的妇道教化，到了晚清被满人冲破樊篱，多少有些“民主自由”的味道（图5-6）。

通过对比汉满便服挽袖纹样的布局情况，汉族呈现前寡后奢形态，即大部分纹样置于偏后身的挽袖位置，但并不以肩线为界。这是考虑人体端坐动态使纹样前移而得到更完整的展示，在精巧的布局之下对女性日常仪态形成潜移默化的约束和引导。在此原则下，在民间的社交实践中可灵活变通，变数在于空出的前侧挽袖是否点缀图案，以及纹饰面积可大可小。没有点缀图案的前寡后奢是常用的汉式挽袖纹样格式，但这并不意味着它不讲究，而是更加强调纹样骨式的规范性（图5-7W26和M37）。前寡后奢原本是出于节省绣工，后来衍生为教化规制，而前奢后寡的布局是前寡后奢反装的结果，它既不能实现节省绣工的初衷，又不符合女德教化的规制，折射了晚清封建伦理异化的社会现实，终未成主流（图5-7M32）。挽袖纹样满地布局或许是因为成本过高，实用价值低，虽是时兴的官样却在士庶阶层的汉制中难以盛行。真正的问题出在没有领悟前寡后奢俭以养德的中华文化精髓而同样少有继承（图5-7W20）。

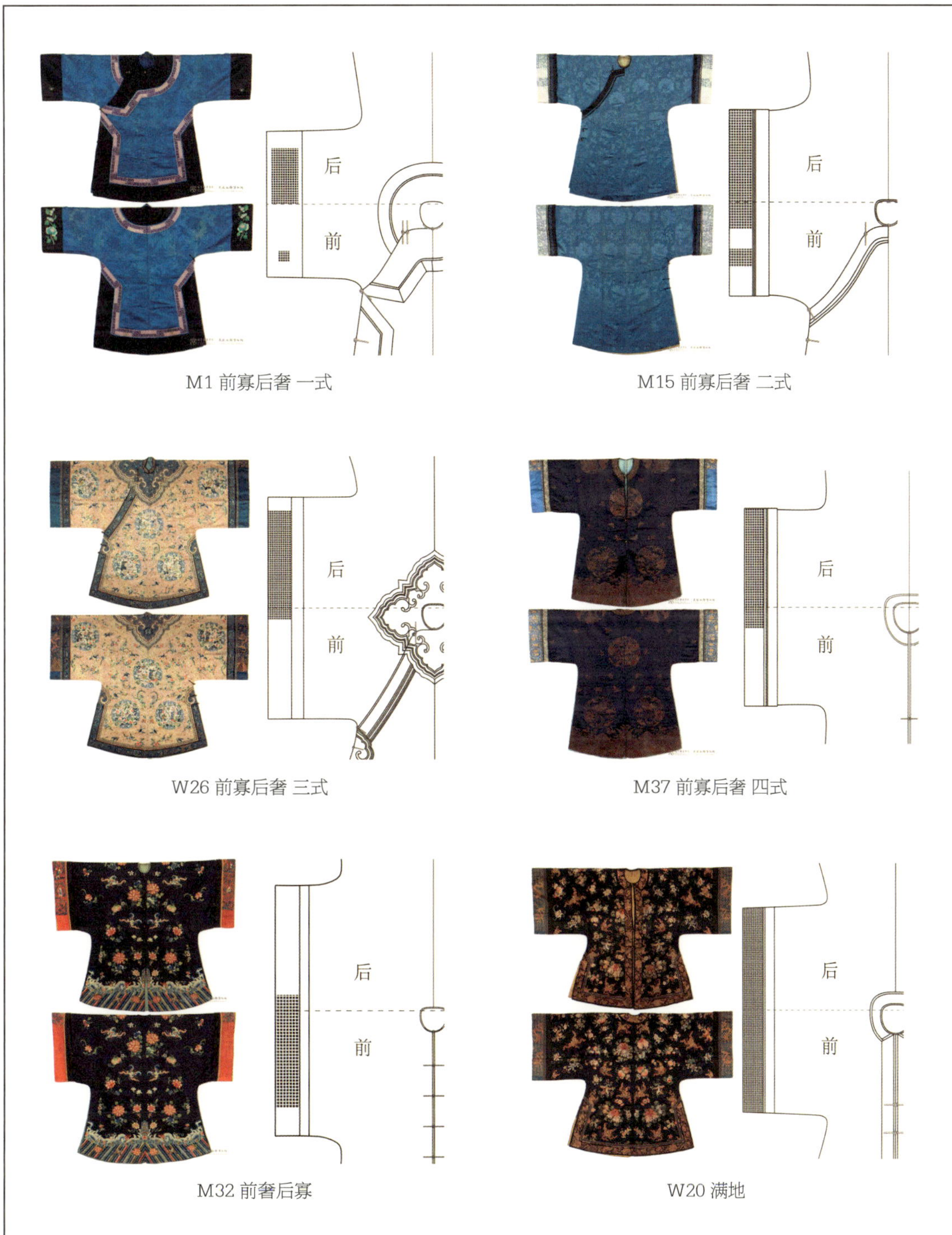

图5-7 汉族挽袖纹样布局

（来源：M为北京服装学院民族服饰博物馆藏；W为王金华藏）

钩稽满族挽袖纹样布局的面貌与迭代过程，似乎没有了章法，实际上它们都没有跳出汉式挽袖纹样的基本格式，只是前寡后奢主导的格局发生了改变。这或许与满族妇女不追求女德教化的传统有关，将修德教化变成了标榜显贵雅趣玩法的游戏，它的演变路径也是如此。挽袖满制初为素地，其多与道光、咸丰时期的双挽袖和挽袖结构相结合。此时出现的满式前寡后奢显然是模仿汉制而来，很快就出现了前后留空的情况，成为短期的过渡样式。在同治、光绪时期最终从留空格式转化为满地。宫中女子无须苦练女红绣艺，她们要做的是尽量提出诉求，就会有无数巧匠为之实现。纹样满布的挽袖是优越的彰显，也是对满族旧俗的彻底颠覆。这种追求“民主自由”的满地纹饰使得挽袖淹没于歌舞升平的享乐之中，使一切缘饰与结构都变得混沌。因此在晚清汉族中同样出现前奢后寡颠覆儒家妇道传统现象也就不难理解了（图5-8）。

图5-8 满族挽袖纹样布局
（来源：故宫博物院藏）

三、结语

“袂圜以应规”（《礼记·深衣》），袂圜因形为环，成为古人心中规的物化，心中的规是标准、是格局。帝王将相有规，女子亦有规，而后者的规便是挽袖。挽袖最终能成为晚清社会各民族、各阶级妇女所共有的袖缘礼化，背后是世代女性终其一生的传承与坚守。从“素地宽襟”的敬物尚俭到“锦绣宽襟”的妇行教化，闺中挽袖成为女子明理修身的标志。清代，从汉女缘袖的琐屑家事到旗女汉妆引发朝廷震悚，民族融合已无法逆转。晚清挽袖在官书中的记载，宣告着封建制度对伦理的妥协，也预示着挽袖体系内部对立的产生。在晚清这场皇权与民俗的博弈中，挽袖完成了宫廷艺术与民间艺术的分野，皇权所渴望满汉新的畛域筑起。但正是在这场权利较量中女性的规丧失了，最终形成封建伦理教化的脱轨，同时挽袖也是对马蹄形箭袖正统（满族旧俗）的彻底颠覆。晚清挽袖虽是碎屑不成体统，但它也代表着封建历史中女性群体的那种沉默的坚韧，顺从的同时具备着力量。挽袖依附于宗族礼教而生，当根基岌岌可危时也再难独善其身。回望挽袖的历史，其兴衰是人心所向的结果，它警醒世人文化主权的意义，唯有实现兼容并蓄、传承创新，才能缔造世界性的辉煌文明。

第六章

亦满亦汉的挽袖章制

晚清，挽袖是专属女子便服缘饰，在同治朝成定制并命名。清宫旧藏织造同治档案中，将便服分为（大身）面料、挽袖、边子、贴边四个部分独立制作，织造完成后整套运回宫中。在织造局拟款名时，有专属的“挽袖”两字。这种便服专属的款式特征，一指便服袖型式样，二指用于袖口缝缀的绣片，因此挽袖就构成了形制与纹饰共生的独特样式。

最初，挽袖产生于明代，汉女忌袖口无拦露出其里，为蔽其里而将袖口表面向内翻转包裹，其挽袖动作似与晚清相反，起到内护作用。这是维护日常之礼等功用性需求，不过是闺阁修养而已。历经百年更迭，挽袖始终在汉女服饰中传承，并渐饰以表达闺秀女红技艺的纹样，端坐时将手搭放于前时露出以表妇道。挽袖在清代习汉入满从功能演化为女德符号，有醒戒的意图。满人入关之初男女均着满袍，在生活中为适应气候与社会环境的改变，无论性别均可在平时将马蹄袖挽起，但不缝缀纹饰。至道光朝满族女子习取汉女挽袖绣片结合满族挽马蹄袖的习俗，形成流行一时的满女挽袖，在发展中通过挽、翻、出等形式相互组合形成了比汉女挽袖更为复杂的袖制系统。这其中就伴随着绣作技艺和纹样的变化形成满俗满风，成为清代与汉女同源异流的挽袖文化。自道光朝满族女子便服迈向全面转型开始，挽袖便成满俗，在其后咸丰、同治、光绪三朝，挽袖的使用越发普遍。其中同治中兴也正是挽袖形制与纹样制式结合紧密渐近成熟，筑成挽袖文化的辉煌时期。

一、晚清满族女服袖制

清代女子服饰依照袖形制式不同，可分等级，它们虽继承了中华礼制传统，为强调满俗就有了“取其章，不沿其式”的乾隆定制。以朝服、吉服为主的礼服体系有严格的规定，且以马蹄袖为标志。《清稗类钞》记载：“马蹄袖者，开衩袍之袖也。以形如马蹄，故名。男子及八旗之妇女皆有之。致敬礼时，必放下。”[1]马蹄袖形制上表现为袖端之外接上一截马蹄形袖口，接袖形状为向上翘起袖口呈弧线型，穿着时接袖盖住手背，平时可将接袖翻起，行礼时必须放下，马蹄袖的舒挽便成为“释礼”的国制。常服实为准礼服，穿着时具有一定仪式性，故保持马蹄袖制。嘉庆二十三年，上谕：“世宗宪皇帝忌辰，在夕月坛斋戒期内，应用常服。如值天地宗社大祀斋戒期内，自应一律改用常服，以昭致敬。”[2]可见常服为较正式的日常礼服，因此其袖制依附于礼服系统，基本袖制也为马蹄袖。便服不仅抛弃了马蹄袖，也从窄袖成了阔袖，挽袖章纹就变得异常繁荣（表6-1）。便服被视为非礼服系统，马蹄袖制也就被排除在外。这在一定程度上增加了满汉习俗融合的空间，挽袖便被大树特树。这种“取其汉章，不沿其汉式”对祖制的颠覆，反映出满人的矛盾心理，这就是清朝服制把某些僭越合理化或世俗化的满人智慧，挽袖章制的兴起也在于如此。

在清便服历史发展中，顺治时期满族男女便服样式相近，为窄袖平口或马蹄袖，袖端不加缘饰。清雍乾年间，满族女子时兴汉妆，满女常袍袖口呈窄袖平口和马蹄袖共治局面。随着同治时期满族便服改制，敞口广袖成为主流，挽袖随之登场，将平袖端挽起部分的袖型式样与以氅衣、衬衣为标志便服的典型配伍，意味着马蹄袖的满俗标志彻底退出了便服系统。清晚期女子朝服、吉服仍保持马蹄袖，袖口可挽可舒，但始终未在袖部饰以挽袖纹饰。而女子便服则将挽袖完全固定，成为便服定式，这就为什么形成造办处织绣中有专属的“挽袖”称谓。值得注意的是，晚清慈禧听政时期出现的“乱制”确与她“去蹄存挽”的好恶有关（图6-1）。

1 [清] 徐珂：《清稗类钞 第十二册》，中华书局，1986，第6201页。
2 记载自嘉庆朝实录之三百四十五卷，发表于中国社会科学网 http://www.cssn.cn/sjxz/xsjGk/zgjG/sb/jsbml/qsljqcsl/201311/t20131120_848246.shtml。

表6-1 晚清满族女服袖制

品类	形制
朝服	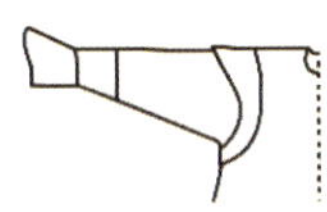
吉服	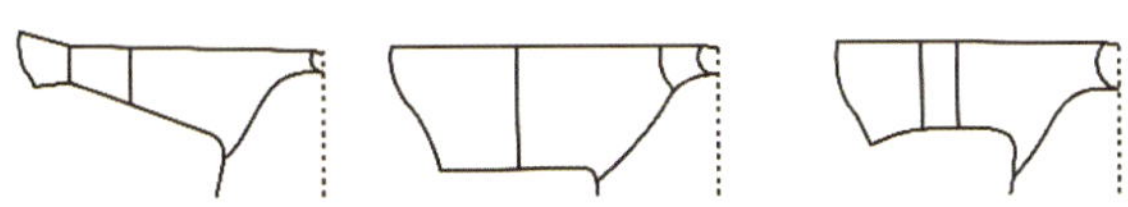
常服	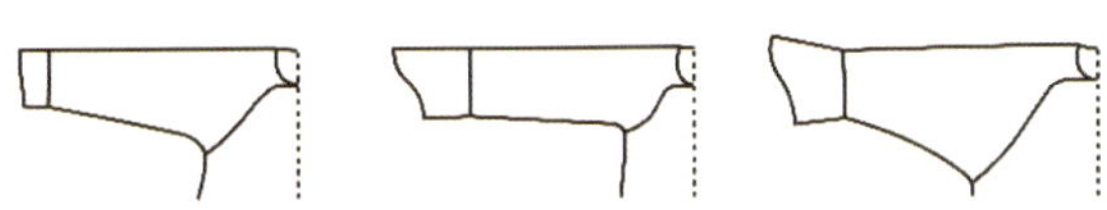
便服	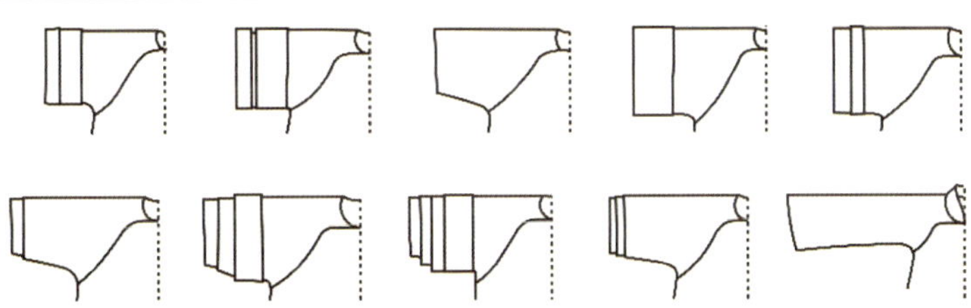

慈禧着素面挽袖的吉服

慈禧着纹饰挽袖的便服

图6-1 打破旧制的吉服与便服挽袖
（来源：《故宫藏影：西洋镜里的宫廷人物》）

二、挽袖从“以蔽内私”到点睛之笔

挽袖属缘饰的特殊类型，缘饰尚礼自古有之，“衣缘”自《礼记》便有记载，深衣采用缘，是礼的象征。以不同身份遇礼均要着深衣，但采缘各异，缘是衣之边饰的总称，“饰衣领袂口曰纯，裳边侧曰綼，下曰緆也”[1]，因此秦汉时饰于袖口的缘边称为“纯袂”。深衣作吉服时，诸侯以饰刺绣的薄绢为领缘，其余缘边为朱丹，而大夫、士则采缘而无纹。丧服也用深衣，视穿着者父母的情况则要采用不同缘边，具父母大父母以缋、具父母以青、孤子以素[2]。深衣时代，衣缘以其在男性的服饰中所蕴含的礼制作用，早在先秦便记载于史。而挽袖，虽与“衣缘”在服饰中同为边饰，但用于女子便服，且专饰于袂，礼制上等级低于衣缘。明清时期有见文献，如宫廷起居注、宫廷织造记录、世情小说、文人笔记集等，对挽袖略有提及。可见挽袖早已有之，多用于“非礼”之起居之私，不宜入堂示尊，这也就是晚清挽袖只现女子便服的根源所在。

明代女子燕居之时上衣着袄、衫，虽然穿着于非正式场合，但对礼制丝毫不能懈怠。《酌中志》记载：“近御之人所穿之衣……自此三层之内，或褂或袄，俱不许露白色袖口，凡脖领亦不许外露，亦不得缀钮扣，只宫人脖领则缀钮扣。”[3] 可见，日常女性在穿着时仍然要遵守“短毋见肤，衣取蔽形”[4]的礼制约束，袖口露里也是忌讳。明中晚期，世情小说《金瓶梅》中就有对挽袖形制的生动描写，第七十四回提到：“妇人道，……你把李大姐那皮袄与了我，等我搽上两个大红遍地金鹤袖，衬着白绫袄儿穿。”[5]明末，又见《醒世姻缘传》描述山东地区的民间故事时提及“挽袖”称谓，第十八回记载：“一日，又有两个媒婆……一个从绿绢挽袖中掬出八字帖。”[6]明代，汉族女子间已经流行挽袖，将袄的袖口表面另外缝缀上一对带有独立纹饰的挽袖称为袄上搽袖，在后妃、命妇以及士庶之妻的日常服饰中均有使用[7]。至清代，汉女可不从满俗，挽袖得以延续。

1 [唐] 孔颖达：《礼记正义·下》，上海古籍出版社，2008，第2196页。
2 同上。
3 [明] 刘若愚：《酌中志》，北京古籍出版社，1994，第172页。
4 [宋] 李昉编纂，夏剑钦、王巽斋校点：《太平御览 第4卷》，河北教育出版社，1994，第132页。
5 笑笑生：《金瓶梅》，亚洲文化事业公司古籍部，第794页。
6 [清] 西周生：《醒世姻缘传 上》，天津古籍出版社，2016，第154页。
7 撷芳主人所著《大明衣冠图志》中，描述后妃常服、命妇常服、士庶妻常服时提及。

清初，满族女子日常着马蹄袖满袍，平时将马蹄袖挽起，露出素面里料，正式场合或遇人行礼时要先将马蹄袖放下。此时满族女子在穿着本民族袍服时，就有将袖口翻起的习惯，或是游牧文化的遗留无需装饰（图6-2）。乾隆五十年《弘昨行乐图》见弘昨女眷均身着便袍也将袖口挽起露出白色内里。此外，作于乾隆年间的《扬州画舫录》中记载了扬州翠花街店铺里所流行的汉族女衫式样："女衫以二尺八寸为长，袖广尺二，外护袖以锦绣镶之，冬则用貂狐之类。"[1]所称外护袖正是挽袖，据称因袖口易破损，"外护"可以拆卸更换，"外护"则形象地说明了其缝缀于外以护袖口的功能作用，也是汉族传统俭以养德的实证。

图6-2 清早期满族女子便袍马蹄袖舒挽的功用
（来源：私人收藏）

晚清挽袖几乎成为满俗汉制"美好生活"的象征，使挽袖缘饰得到极大发展和丰富。据内务府呈稿与奏案中对宫廷便服历年织造记录的记载，嘉道年间便服依然被称作衫、汗衫、中衣、褂、长衿袍、袷袄等。但至迟在道光年间，宫廷满族女子的便服已经出现了全面的款式转型，满族女子便袍从窄袖平口或

1 [清] 李斗撰，周春东注：《扬州画舫录》，山东友谊出版社，2001，第231页。

马蹄袖口变为宽袖平口，马蹄袖也无了踪影，出现了衣身缘饰镶绲边子、贴边，下摆两侧开衩等新样式。此时挽袖也成为最亮眼的地方，满族女子挽袖饰于袖口内里可舒可挽，挽起时则露出内里缝缀的边子、贴边以及挽袖，穿着时已无法确认是里是面，似乎这才是挽袖的常态（图6-3）。

清乾隆月白缎织彩百花飞蝶袷衬衣

清道光绿色团龙暗花绸氅衣可舒可挽

图6-3 清朝便服从平袖到挽袖的演变
（来源：故宫博物院藏）

道光咸丰年间，挽袖保持着可舒可挽的灵活性，挽袖多为素色或是对元明燕居之服素地宽褾的继承，偶有花纹也不与衣身成套，只作简单的纹样装饰。道光时期的画像与实物出现大量氅衣、衬衣的便服样式，袖口均呈挽起状。如道光帝、嫔妃以及幼子的画像轴《喜溢秋庭图》，图中道光帝着袍为马蹄袖制，袖被挽起，皇六子奕䜣着袍为窄袖平口，男子袍服均无缘边。画像中三个嫔妃、皇三女和皇六女均着便服，袖口皆为白色素缎挽袖[1]。此外道光《孝全成皇后与幼女像》孝全成皇后的便袍是挽翻袖结构，挽袖虽为白色素缎，但素缎上有用毛笔勾绘的纹样，幼女便服为素面挽袖[2]。可见从道光时期开始，随着满族女子便服的全面改制，挽袖虽然成为便服的标志性制式，但纹样的配伍并不健全（图6-4）。

---

1 画轴中人物身份分析出自李湜著《喜溢秋庭图考》一文。
2 故宫博物院藏《孝全成皇后与幼女像》轴 https://www.Gpm.org.cn/collection/paint/233732.html。

图6-4 《喜溢秋庭图》晚清便服白色素缎挽袖的流行
（来源：故宫博物院藏）

同治年间，清宫女子开始对便服挽袖、边子、贴边有了更细致的要求，可谓同治中兴的一种表现。同治七年十月二十三日，内务府办理绣活处为发交已经交付杭州、苏州、江南、两淮等地进行织造的一批服饰中，追加纂写的有关领袖、袖装式样，以及氅衣、马褂边子挽袖颜色活计呈稿的“事项”说明（见附录1-4），提到要求“所有前传之江南、杭州、两淮、苏州，绣、缂丝、纳纱、直径纱氅衣、紧身、马褂、褂襕等件，边子俱要元青地，各随本身花样。挽袖要白地，各随本身花样。贴边也随本身颜色花样。其边子、挽袖、贴边俱单随”[1]。原本已经发往各地织造的便服制作命令后，又追加要求对每件便服加做边子、挽袖、贴边，使之各随本身花样成为特殊定制，另外挽袖在同本身花样的基础上又均做白地，对照道光帝《喜溢秋庭图》画轴的白色素缎挽袖，可见晚清挽袖也和汉制一样，从“素地宽褾”到“锦绣宽褾”流传有序。

同年十二月十七日，内务府办理绣活处拟旨对已经收到的氅衣、马褂追加定制挽袖，《办理杭州织造织做缂丝褂襕边子等项事》记载：“……其呈进氅衣、马褂，共四十六件等。再传做挽袖四十六分，绣缎、绣江绸氅衣，随绣缎、绣江绸挽袖，绣纳实地纱、芝麻地纱、直径地纱氅衣。随绣纳实地纱、芝麻地纱、直径地纱挽袖。其挽袖要白地湖色地，俱随本身花样。再未解交氅衣、马褂，挽袖均著照本身材料花样织做，其颜色要白地湖色地。”[2]此呈稿中，对挽袖的制作要求更加细致，针对不同衣料，加制的挽袖也采用不同材质，颜色从此前的一种颜色，增加到白地和湖色地两种，纹样“俱随本身花样”，使得挽袖显得更加灵活丰富，可见挽袖纹样的规制是受主体纹样制约的，只是骨式不同（见附录1-5）。

1 《为发交杭州织造等处领袖装式样等项事》，中国第一历史档案馆，档号：05-08-012-000060-00077。
2 《办理杭州织造织做缂丝褂襕边子等项事》，中国第一历史档案馆，档号：05-08-012-000060-0080。

同治八年正月二十日，见呈稿中对氅衣、衬衣的袖宽有了尺寸规定，并提及挽袖花样、颜色需与历办样式相符。《为成做衬衣面等项袖口尺寸移复苏州织造事等》中记载："上交女领袖袖装一分计五件，业已收到。本织造遵即照依交下，式样尺寸赶紧摹绘照样成做。其各项边子、挽袖、贴边，花样颜色查与本织造衙门历办式样，均属相符。惟查前传绣绛衣料，除蟒袍、龙袍遵照发样尺寸大小成做外，所有氅衣、衬衣面袖口尺寸，现系遵照前颁发金团寿字衬衣面式样办理，计袖口一尺二寸五分。"[1]清宫织造中便服的各个部件均有专称，将衣身面料称为"面"，如氅衣面、衬衣面；将较宽的绦子称为"边子"，在民间也俗称绦带；将窄的织带饰边称为"贴边"；将民间俗称的挽袖，直接使用"挽袖"（见附录1-6）。

光绪年间的宫廷织造记录中，挽袖制式渐成体系，已不在呈稿中单独记述具体要求。此时便服中的挽袖已经不能展开作舒袖，在制作时就已经被固定，且翻折的层数和式样更多，初期白地点缀花纹的样式已几乎消失殆尽，光绪后挽袖花纹多为满饰。由于氅衣、衬衣均用挽袖，故这类便服不单列挽袖名称，但对于紧身、马褂等褂类，有挽袖属特别式样，因此有挽袖的褂类会在称谓中加"有袖"或"挽袖"两字加以区分。这说明光绪朝"挽袖"已成为便服的代称，纹样满饰是它的特征（见附录2）。

清末的《二十年目睹之怪现状》描写上海的市井生活时提到："只见另有一个人，拿了许多裙门、裙花、挽袖之类，在那里议价。"[2]说明在清末民间，挽袖已成为女子服饰中一个独立而突出的品类，可单独贩售于市。

挽袖是独立于面、边子、贴边的服饰组件绣作，通常独立绣制，适合各种挽袖结构施制于袖口部位，在挽制形式中以各种方式露出纹样。挽袖从明代作"外护以蔽内私"的功用，构成了它的私礼底色。经过数百年发展，晚清在挽袖上添加无所不能的装饰，从"前寡后奢"到"春满人间"的挽袖赋予了"民主自由"的萌动，的确是点睛之笔，与汉族挽袖大为不同。

1 《为成做衬衣面等项袖口尺寸移复苏州织造事等》，中国第一历史档案馆藏，档号：05-08-012-000061-0002。
2 [清] 吴趼人：《二十年目睹之怪现状》，天津古籍出版社，2004，第495页。

三、晚清满汉挽袖形制结构比较

清官营织造局制作一件便服，需要四个部分组合完成，包括面、边子、贴边和挽袖。挽袖是作为便服配件而单独存在的，非边子、贴边的一部分，但它们可以组合使用。挽袖为一对左右袖施制，一对挽袖需在一块矩形面料上营造纹样，纹样左右袖呈对称分布。在进行刺绣时会在纹样周围留出足够的空隙，以便裁制时不破坏纹样，故称挽袖绣片也是由此而来。从故宫藏的一对“湖色折枝牡丹金团寿字”挽袖实物判断，左右纹样的对称并非具有绝对性，这正说明它要通过手工完成和绣匠的习惯特点，这样施制于左右袖就不可能完全对称，玄机在于一致性对于绣工来说也只是更方便标准化绣作考虑（图6-5）。制作过程则似乎只有文学小说中“挽袖擦于袖口”的简略描述，要探究其工艺、纹饰置陈等问题，需要通过实物进行专题研究。由于汉式挽袖比满式挽袖出现时间更早，发展历程更长，且满汉素有渊源，因此，在研究满式挽袖和纹样特征时，把视野扩大到满汉研究范围，有利于深刻理解和认识其背后的文化意涵。以满族186例、汉族59例女子便服，进行各种事项要素的对比研究，对解读挽袖形制与纹样这种满俗汉制的谜题或许有所帮助。

图6-5 清光绪湖色折枝牡丹金团寿字挽袖
（来源：故宫博物院藏）

1.晚清满女挽袖形制结构

采集晚清满族女子便服实物信息共186例，其中包括氅衣159例、衬衣17例、马褂10例，由于紧身和褂襕为无袖款式故不参与统计。实物信息来源包括故宫博物院藏品，发表于《清宫后妃氅衣图典》（G）和《清宫服饰图典》（GG）的图像数据资料167例；清代服饰收藏家王金华提供的标本16例(W)和王小潇藏品3例(X)。晚清汉族女子便服为袄、褂共计59例，其中袄31例，褂28例。直接用于实物研究的标本来源包括北京服装学院民族服饰博物馆藏品39例（M），以及清代服饰收藏家王金华提供的20例(W)。满族便服实物图像在附录3中列出。

在对实物研究过程中，重点采集袖子的结构和纹样信息，统计分析挽袖的形制类型、结构特征和对纹样设计的影响。在挽袖形制结构上，有三个基本类型：一是“挽”，即将袖口由里向外挽起，露出部分里料；二是“翻”，在挽的基础上，再向外折叠一部分，使挽袖形成复合式阶梯外观；三是“出”，将挽袖绣片从袖口内伸出一截，表面上看像是套穿了两件衣服（图6-6）。挽、翻、出只是挽袖的三种基本结构，以此三种结构要素组合变化可形成庞大的挽袖家族，这与汉式挽袖相比，可谓青出于蓝胜于蓝。在研究中发现，应用于挽袖结构要素的所有袖型式样有近十种，如平袖（舒袖）、出袖、挽袖、双挽袖、挽翻袖、挽翻挽袖、挽翻出袖、挽翻双出袖等。其中挽翻袖为主导，在186例挽袖标本中有81例是挽翻袖，占比达44%，朝代主要集中在光绪。居第二和第三位的分别是标准挽袖和舒袖，数量最少的是挽翻双出袖（表6-2）。

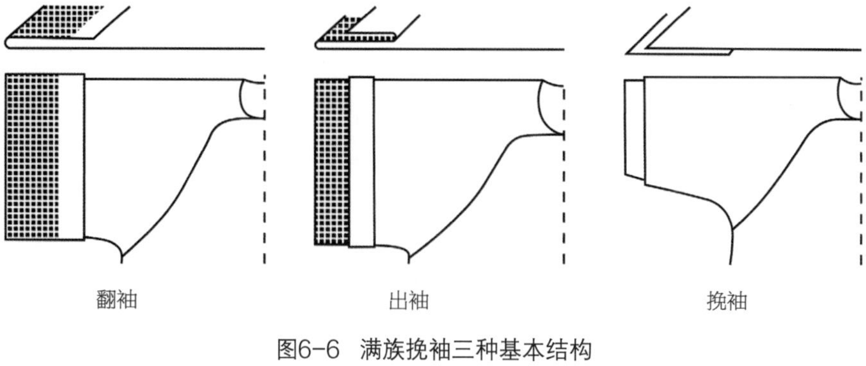

图6-6　满族挽袖三种基本结构

表6-2 晚清满族女子便服挽袖式样统计（见附录3-1、附录3-2）

类型	时期	标本												
平袖28例	道光	G13	G14	G15	G31									
	同治	G79												
	光绪	G2	G25	G26	G27	G130	GG140	GG154	GG156	GG158	GG159	GG170	GG171	GG173
		GG175												
	清	G11	G31	GG172	GG174	X1	X3	W7	W11	W16				
出袖5例	光绪	G58	GG138	GG139										
	清	G80	G81											
挽袖42例	道光	G33	G37	G78	G83	G84	G97	G99	G100	G101	G102	G104	G106	G111
		G120												
	咸丰	G82	G85	G108	G115									
	同治	G34	G38	G39	G42	G86	G87	G89	G90	G92	G98	G105	G121	G122
		G123	G124	G125	G126									
	清	G77	G96	W1	W5	W6	W10	W12						
双挽袖7例	道光	G103	G107	G112										
	咸丰	G113												
	同治	G88	G91											
	清	G95												
挽翻袖81例	咸丰	G114												
	同治	G41	G43											
	光绪	G4	G5	G6	G7	G8	G12	G16	G17	G18	G19	G20	G21	G23
		G24	G28	G30	G32	G35	G36	G46	G47	G48	G49	G50	G51	G52
		G54	G55	G56	G57	G61	G62	G63	G64	G65	G66	G67	G68	G69
		G70	G71	G72	G109	G116	G117	G118	G133	G134	G135	G136	G137	G138
		G139	G140	G141	G142	G143	G144	G146	G150	GG168				
	清	G10	G74	G75	G76	G147	G149	G151	G152	X2	W2	W3	W4	W8
		W9	W13	W14	W15									
挽翻挽袖14例	同治	G40	G93	G127	G128	G129								
	光绪	G29	G44	G45	G60	G131	G132							
	清	G119	G145	G148										
挽翻出袖8例	光绪	G1	G3	G9	G22	G53	G59	G73	G94					
挽翻双出袖1例	同治	GG137												

舒袖（平袖）是袖口的初始状态，在便装中出现挽袖形制便与此构成便服的两大制式。从道光时期开始，在满族女子便服中早期的舒袖长而窄，保留了满族便袍的遗风；道光后期至光绪时期，舒袖趋短而袖肥增大，且可舒可挽（见图6-3）。满族的舒袖与汉族不同，不在袖口搂上挽袖，只用边子、贴边在袖口作装饰。在实物信息统计中舒袖有28例，占总数的15%，在汉族相关实物信息中比例更高，说明满汉舒袖在便服中属于常规而稳定的制式（图6-7）。

出袖是在袖内缝缀露出的假袖，穿着状态在视觉上有穿两件的效果。从形制特征和故宫封存的时间来看，出袖出现于清末，是晚清满族女子便服发展到后期出现的一种矫饰风格，虽非富即贵，但曲高和寡。便服实物中，只有5例属于出袖（图6-8）。

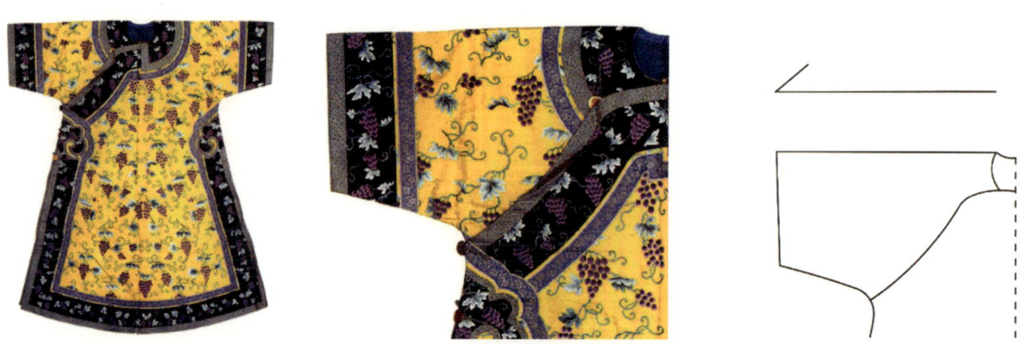

图6-7 舒袖，G2
（来源：故宫博物院藏）

图6-8 出袖，G81
（来源：故宫博物院藏）

挽袖为最经典形制，它将袖口的一部分向外挽起，在外露出的部分，显示挽袖绣片的纹样绣工，纹样布局也按前寡后奢规制设计，是对汉式挽袖“以蔽内私”礼制的继承，可谓典型满俗汉制的实证（图6-9）。挽袖作为便服的标准袖制，在同治朝之前就为主导，同治朝在此基础上大为拓展，但并没有改变其主导地位，从所采集的晚清便服实物信息来看，标准挽袖占比为23%。

挽袖的升级版就是双挽袖，它是在挽袖基础上又翻折一截，一般是取带有挽袖绣片的一部分向上翻折。这种二次挽袖的方式，虽然遮住了部分挽袖纹样，总体上影响有限，但错落感明显，符合追求繁复装饰的风格。从时间上看，双挽袖比挽袖出现得稍晚，但同样是满族的早期袖型，或许那时翻折一次的袖长仍然不能满足穿着者的需求，因此就在已经制作完成的挽袖便服上，又不自觉地再次翻折挽袖使袖长缩短，习惯它的方便之处而成定式。双挽袖在采集实物信息中只有7例，占比4%（图6-10）。

图6-9　挽袖，G83
（来源：故宫博物院藏）

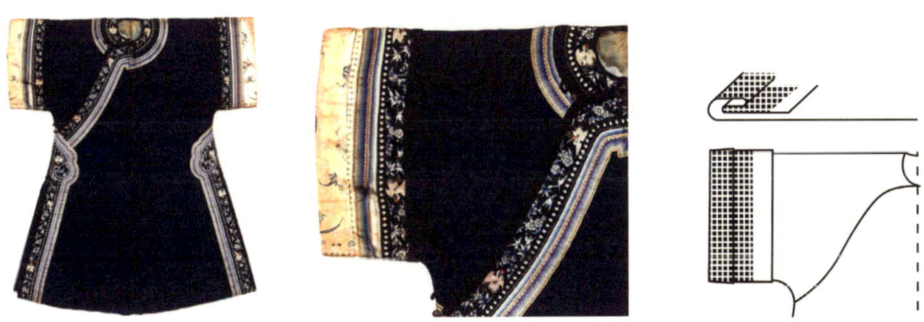

图6-10　双挽袖，G95
（来源：故宫博物院藏）

挽翻袖是在挽袖的基础上再将挽袖袖口向外翻折一部分，在制作时将挽袖绣片拼接的边子和贴边缝缀于袖口面料上。早期的挽翻袖是可以展开作舒袖的，挽和翻只是作为将袖子缩短的有效动作。挽袖绣片的加入，使其具有了装饰性，到光绪年间挽翻袖被固定缝缀，成为一种固定式样。挽翻袖在道光、咸丰年间出现较少，到光绪时期大量存在，成为挽袖的主流，是实物中数量最多的，有81例，占比44%（图6-11）。

挽翻挽袖是在挽翻袖的基础上，将挽袖部分再翻一截，形成挽与翻对接之势。挽翻挽袖与挽翻袖出现的时间也很接近，多出现于晚清的同治、光绪年间，可见晚清满女便服通过挽袖复杂的变化过程，不断试图缩短袖长并加宽袖肥，以此强化汉制元素。挽翻挽袖有14例，主要集中在同治光绪两朝，也是娇饰风格极盛表现的服饰证明（图6-12）。

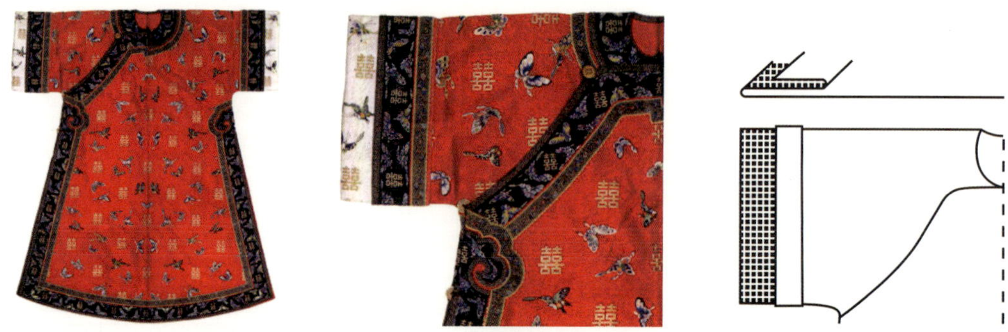

图6-11　挽翻袖，G71
（来源：故宫博物院藏）

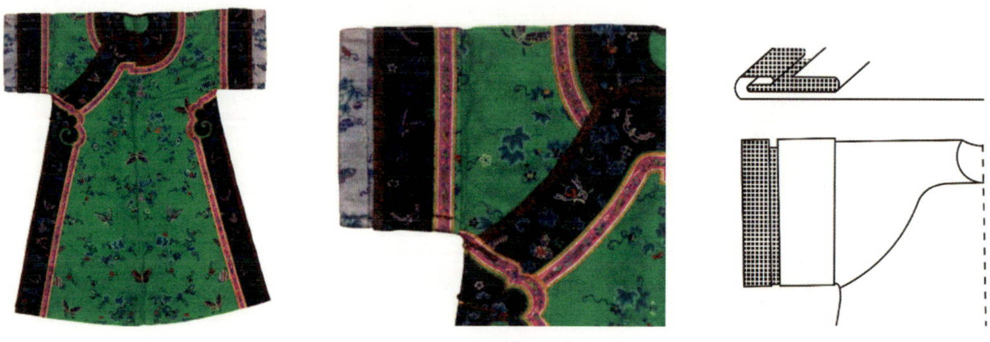

图6-12　挽翻挽袖，G44
（来源：故宫博物院藏）

挽翻出袖和挽翻双出袖都是在挽翻袖的基础上，添加一次和两次“出袖”而完成的。挽翻双出袖可以理解为是出袖的升级版，或挽翻袖的升级版，总之袖型呈现更加繁复华丽的视觉效果。挽袖绣片被叠夹其中，成为挽翻袖和出袖的分界。它和同时期的挽翻袖一样，表现出完全没有任何实际功能的娇饰风格。讽刺的是，这种辉煌到极致的袖中盛景，昭示着承载它的王朝在一步步化走进历史。这两种袖型都出现于同治、光绪年间，由于国力衰微，这种奢侈的便服并不多见，现均为清宫旧藏。实物中挽翻出袖有8例，挽翻双出袖仅有1例，可谓是盛极必衰的实证（图6-13、图6-14）。

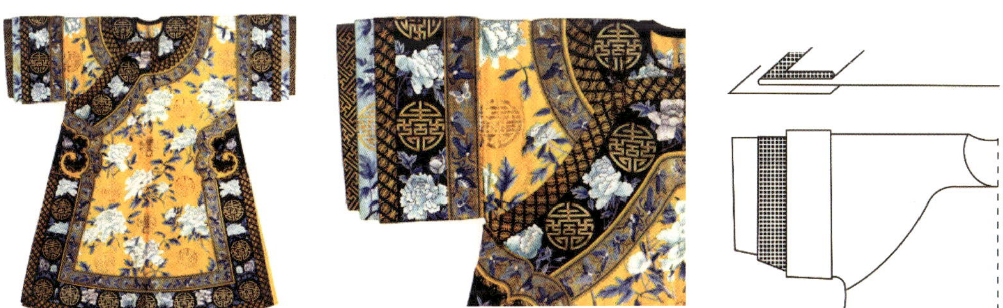

图6-13　挽翻出袖，G1
（来源：故宫博物院藏）

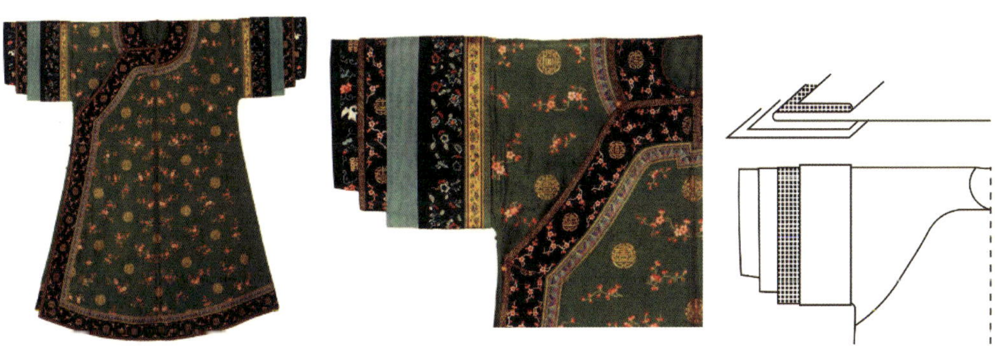

图6-14　挽翻双出袖，GG137
（来源：故宫博物院藏）

2. 晚清汉女挽袖形制结构

晚清汉女便服挽袖形制结构与满族相比，走了一条完全不同的路线，可谓汉寡满奢，汉式挽袖可以说是对“以蔽内私”礼制的坚守，形制上表现为袄褂类型。采集晚清汉族女子便服59例，发现仍以舒袖和标准挽袖为主流，舒袖31例，挽袖26例，出袖和挽翻袖各有1例（表6-3）。通过与满族实物信息比较发现存在明显差异，满女袖型式样以挽翻袖为主，而汉族仅出现1例，满女舒袖与标准挽袖多出现于同治之前，之后基本被挽翻袖取代，但汉女便服中舒袖和标准挽袖在整个晚清始终是主导。在挽袖的工艺上也有区别，满女挽袖绣片仅在具有挽起袖型时使用，挽袖绣片缝缀于袖里，在翻折时才能露出；汉女挽袖绣片直接缝缀于袖口表面，舒袖也是如此，即在袖口表面一周缝缀绣片。因此，舒袖和挽袖如果不通过结构区分是很难辨别的（图6-15、图6-16）。

总体上看，满族挽袖形制结构比汉族的更为繁复，类型更多。而在汉女便服实物信息中,舒袖要多于挽袖，占总数的53%。在统计中发现满女舒袖多不饰挽袖绣片，而在汉女便服中，舒袖多用绣片，不赘饰其他缘边，舒袖中带有绣片的实物超过七成，这些细节是识别满汉女子舒袖特征的主要信息。挽袖在汉女便服实物信息中的占比为第二位，且恪守着标准式样，形制结构与纹样置陈都严格遵守汉制，而出袖、挽翻袖等异型袖在汉女便服中只是特例，或因满族挽袖文化发达的影响，在汉族中出现反哺现象（图6-17、图6-18）。

表6-3　晚清汉族女子便服挽袖式样统计

类型	标本												
舒袖 31例	M1	M3	M6	M7	M10	M11	M12	M13	M17	M19	M20	M21	M22
	M23	M24	M26	M27	M29	M30	M34	M35	M36	M39	W21	W24	W25
	W27	W29	W30	W33	W39								
挽袖 26例	M2	M4	M5	M8	M9	M15	M16	M18	M25	M28	M32	M31	M33
	M37	M38	W20	W22	W23	W26	W28	W31	W32	W36	W37	W40	W41
出袖1例	M14												
挽翻袖1例	W38												

图6-15　汉式舒袖褂，W29

（来源：王金华藏）

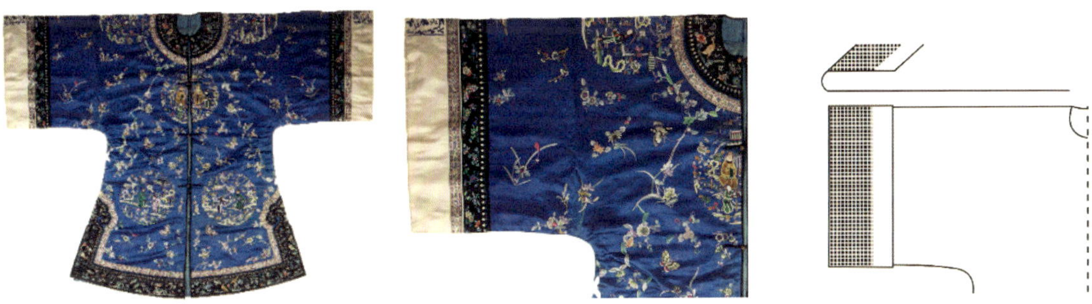

图6-16　汉式挽袖褂，W37

（来源：王金华藏）

图6-17　汉式出袖袄，M14

（来源：北京服装学院民族服饰博物馆藏）

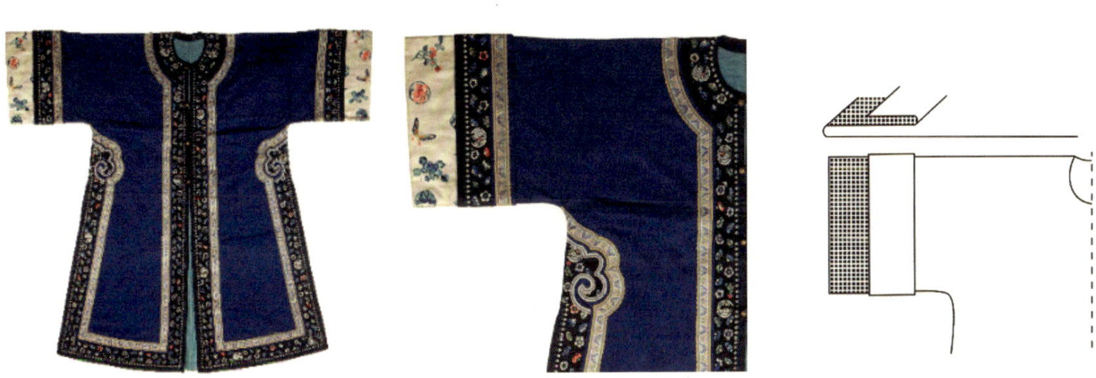

图6-18　汉式挽翻袖褂，W38

（来源：王金华藏）

四、晚清满汉挽袖纹样置陈比较

1. 晚清满女挽袖纹样置陈

晚清满族女子便服挽袖纹样，通常通过挽袖绣片表现，那么绣片纹样是以何种形式置陈的，由于它已经形成固定格式，故也可以称其为挽袖纹样骨式。从统计数据看，186例晚清满族女子便服实物中，袖口没有挽袖绣片的仅有33例。氅衣中超过90%都带有挽袖绣片，这意味着纹样置陈问题可以说是氅衣的标配，衬衣仅次于氅衣。10例马褂中做挽袖的只有1例，马褂是从男服中借鉴而来，且挽袖可用可不用。这种情况主要表现在光绪时期，光绪年间织造的绣作奏案中只有部分马褂名称添加挽袖字样，而所有氅衣衬衣均不显示，说明默认挽袖是其必备活计，再加上固定的“四类活计”[1]就确信无误了。

在具有挽袖的实物中，纹样置陈形式（骨式）归纳有四类：满纹挽袖、素面挽袖、留空纹挽袖和前空后满纹挽袖。从统计数据来看，晚清满族女子便服中最多的是满纹挽袖，占比超过60%；最少的是留空纹挽袖，占比只有0.5%。在清宫便服活计收缴入库时，会附带封存日期。从活计档案所记时间分析，道光、咸丰时期最多的是素面挽袖，这也是清代满族女子便服转型初期的典型特征，对照道光帝《喜溢秋庭图》画轴的图像史料也得到印证（见图6-4）。从道光后期到同治时期出现了在满族挽袖中较为特殊的前空后满纹挽袖和由此派生的留空纹挽袖，数量一共只有3例，这种骨式因为直接照搬“前寡后奢”汉制，故为满族便服中的特例。到了光绪时期，挽袖置陈形式繁复，满纹挽袖成为主导，在该时期92例实物中就有76例是满纹挽袖（表6-4）。

从类型的时期看，可以清晰地发现晚清满族女子便服挽袖纹样骨式变化的发展脉络。首先，挽袖是伴随着晚清“秀女汉妆”在满族女子便服转型时出现的，是氅衣和衬衣的典型配伍对象。其次，在晚清氅衣、衬衣和马褂作为便服转型的发展类型，挽袖纹样的置陈形式得到拓展，包括满纹、留空纹和前空后满纹等，但后两者已被弱化。随着同光两朝便服发展到了巅峰，挽袖的形制结构也越发复杂，置陈形式趋向满纹，可以说这是晚清繁缛堆砌艺术风格在满女便服中的真实写照。

---

1 满族妇女便服的四种活计，在清官营织造档案中成固定程序：面、挽袖、边子和贴边，面有时还包含了领边。

表6-4 晚清满族女子便服挽袖纹样置陈形式统计（见附录3-1、附录3-2）

类型	时期	标本												
满纹挽袖112例	道光	G37	G84	G99	G103									
	同治	G40	G41	G43	G86	G93	G127	G128	G129					
	光绪	G1	G3	G4	G5	G6	G8	G9	G12	G16	G17	G18	G19	G20
		G21	G22	G23	G24	G28	G29	G30	G32	G35	G36	G44	G45	G46
		G47	G48	G49	G50	G51	G52	G53	G54	G55	G56	G57	G58	G59
		G60	G61	G62	G63	G64	G65	G66	G67	G68	G69	G70	G71	G72
		G73	G75	G94	G109	G116	G117	G118	G131	G132	G133	G134	G135	G136
		G137	G138	G139	G140	G141	G142	G143	G144	G146	G150	GG168		
	清	G10	G74	G76	G80	G81	G95	G119	G145	G147	G149	G151	G152	W1
		W2	W5	W6	W8	W9	W10	W13	W14	W22	W23	X2		
素面挽袖39例	道光	G78	G97	G100	G101	G102	G104	G106	G107	G111	G112	G120		
	咸丰	G82	G85	G108	G113	G114	G115							
	同治	G34	G38	G39	G42	G87	G88	G89	G90	G91	G92	G98	G105	G121
		G122	G123	G125	G126									
	光绪	G7	GG175											
	清	G77	G96	G148										
留空纹挽袖1例	道光	G33												
前空后满纹挽袖2例	道光	G83												
	同治	G124												
其他32例	道光	G13	G14	G15	G110									
	同治	G79	GG137	GG138										
	光绪	G2	G11	G25	G26	G27	G130	GG139	GG140	GG154	GG156	GG158	GG159	GG170
		GG175												
	清	G31	GG171	GG172	GG173	GG174	X1	X3	W7	W11	W12	W16		

满纹挽袖，是在露出的部分表现为布满纹饰。道光时期的满纹挽袖，与衣身纹样从题材到置陈方式均不呼应，但所有此时期的满纹置陈均保持以中缝为轴的左右对称，也以肩线为轴前后对称。同治时期，挽袖的满纹题材与衣身趋于统一，置陈形式也讲究了许多，这说明挽袖开始与袍料一同成为官作标准。这个时期的置陈形式也开始采用隐襕的置陈格式，包括G40、G41、G43、G86、G129空襕式的满纹挽袖，G93抢襕式的满纹挽袖，G127肩襕式的满纹挽袖，但同一件实物中挽袖不一定与衣身的隐襕手法相同，因为挽袖差异化表现的允许，以此实现视觉上的凸显。光绪时期的实物，满纹挽袖成为绝对的主流，纹样绣作最为精致繁复，成为研究晚清满族服饰文化重要的纹样实物史料（图6-19）。

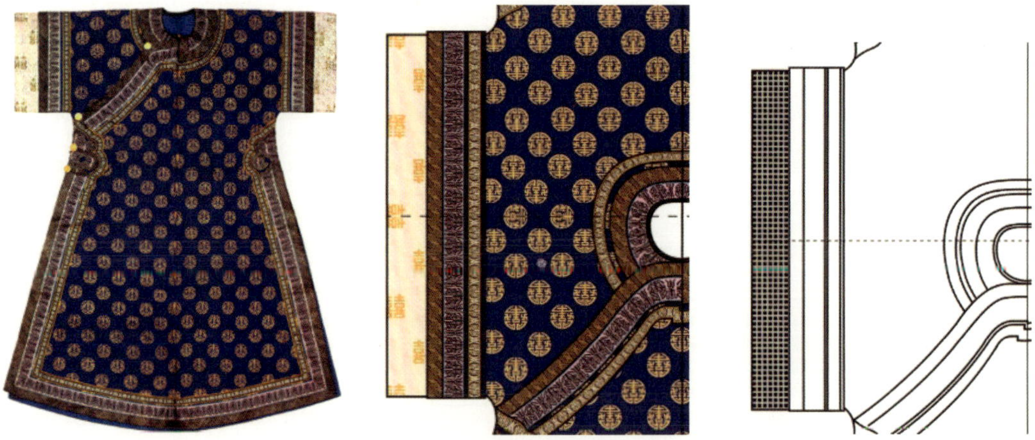

图6-19 满纹挽袖，G145
（来源：故宫博物院藏）

素面挽袖是指挽袖部分不饰纹样的类型，面料颜色一般为白色，也就不存在绣片问题。在汉式挽袖中，素地宽褾要早于锦绣宽褾，影响满族也是按照这样的路径。从出现年代的实物比例来看，素面挽袖多出现在晚清便服转型的早期，在道光、咸丰、同治三朝中，素面挽袖的占比接近七成，而到光绪时期，素面挽袖几乎消失殆尽，取而代之的便是繁复的满纹挽袖。因此素面挽袖在晚清是那种被边缘化的类型（图6-20）。

图6-20 素面挽袖，G125
（来源：故宫博物院藏）

留空纹挽袖是指挽袖纹样在前后两端空出一定间隙，它或许是由汉式前寡后奢纹挽袖不识其礼变化而来的满式。实物中留空纹挽袖仅在道光朝出现也未成势，与前空后满纹挽袖一样，是满族女子便服挽袖纹样中不常使用的骨式。留空纹挽袖多只出现于转型早期，说明这是从汉式到满式的过渡形态，发展到满纹挽袖可视为它的定型。实物G33的留空纹挽袖，在面料底色上与袍料形成对比色，纹样题材也与袍料纹样无关，这些信息可以推断有拆片合身组装之嫌，从另一方面可以确认氅衣挽袖及其纹样规制是坚守不怠的，即便是改装（图6-21）。

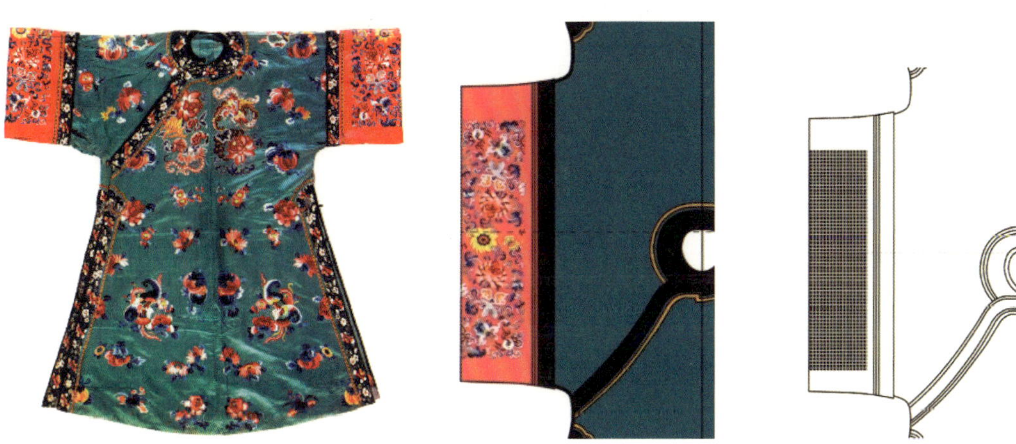

图6-21 留空纹挽袖，G33
（来源：故宫博物院藏）

前空后满纹挽袖是借鉴汉式舒袖前寡后奢纹格式的结果。以肩线为准将纹样大部分偏向后袖分布，相当于留空纹挽袖的纹样在前袖留出空间更大，有时还在前面空间中饰一簇纹样加以点缀，构成汉式舒袖前寡后奢的经典骨式。这种汉式骨式被满女便服原封不动地引进，但其内在的礼教内涵并不在意。这是一种考虑女子端坐两臂前合而巧妙设置的纹样，当双手交叠于前身时，正好能够将袖缘大部分纹样露出。这是一种蕴含儒家女德教化的纹样置陈形式，在晚清汉族女子服饰中如妇道标签，而在满族挽袖中并不是主流。在实物中只出现了2例，且多出现在晚清的早期，一例在道光朝，另一例在同治朝。这种前空后满纹挽袖的前后纹无法对称，但必须保持左右对称。这种纹样置陈形式从汉制而来，也就对满族妇女无约束，如同满族挽袖纹样借鉴汉制又不受其约束一样，因此满族挽袖章制自成系统比汉族的丰富且有活力（图6-22、图6-23）。

图6-22 前空后满纹挽袖，G83

（来源：故宫博物院藏）

图6-23 清同治汉女着前寡后奢纹挽袖袄的影像
（来源：巴黎BERTAIL&CIE摄影室拍摄）

2. 晚清汉女挽袖纹样置陈

从实物信息的统计分析，在总计59例晚清汉族女子便服中，有51例带有纹饰挽袖，占比达86%，说明晚清纹饰挽袖是满汉女子在日常生活中极为常见的便服袖饰。但具体到挽袖形制结构、纹样置陈以及纹样题材上，满汉挽袖形态表现明显不同的倾向性。如果说挽袖形制结构走的是一条“去汉简入满繁”的路线，纹样置陈设计也一定与之相适应。满族多使用适应满俗纹样的多元形式，而汉族多使用前寡后奢纹为主的单一形式。在51例带有纹饰挽袖的汉女便服中，前寡后奢纹挽袖占比超过80%，其中分四种表达形式，即“四式”。而使用满式的满纹式仅占12%。由于清代汉族便服流行于民间，没有清宫内务府织绣承造记录，因此汉女挽袖类型的流变，只能通过传世收藏品的整理来分析。这也从另一个角度证明了，汉族挽袖无论是形制结构还是纹样骨式都已经脱离从素地宽襟到锦绣宽襟的礼制传统（表6-5）。

表6-5　晚清汉族女子便服挽袖的纹样置陈形式统计

类型		标本												
前寡后奢纹挽袖41例	一式	M1	M26											
	二式	M5	M12	M15	M25	M27	M36	W36	W40					
	三式	M13	M21	M22	M31	M33	M35	M38	M39	W21	W26	W27	W28	W30
		W31	W32	W33										
	四式	M3	M4	M6	M8	M9	M16	M17	M18	M28	M29	M37	W22	W23
		W29	W37											
满纹挽袖6例		M10	M14	M24	W20	W38	W39							
前奢后寡纹挽袖 4例		M19	M23	M32	W41									
素面挽袖8例		M2	M7	M11	M20	M30	M34	W24	W25					

前寡后奢纹挽袖与满式相同，传承关系是满承汉制。由于它内含女德教化和妇仪的指引作用，因而成为汉女挽袖纹样的程式。纹样布局虽依后重前轻的置陈原则，但也有细微的变化，总体可分四式，说明这种制式有着深厚的传统积累而成体系。一式，以肩线为界，向后设置较大面积的纹样，前半部分基本空出仅在下端点缀相同的小簇纹样（图6-24）。二式，将后身纹样面积扩大成满纹，并超过肩线一部分，在前袖空出的中间缀有一簇纹样（图6-25）。三式，是在二式满纹的后袖端保留一段空隙，并去掉前袖的缀纹（图6-26）。四式，也是在二式的基础上去掉前袖的缀纹（图6-27）。从标本和统计来看，三式和四式最多（见表6-5）。纹饰以后重前轻的置陈方式为原则，以保持女子在坐姿双手交扣于前方时，刺绣的部分完整展示出来。无疑，这不仅是对绣工的展现，更是对女德符号的强调。在纹饰挽袖范围之内，又对纹样的区域大小，是否在前袖点缀簇纹进行变换，使得挽袖更富有变化而显得耐看。

图6-24　汉族前寡后奢纹挽袖一式，M1
（来源：北京服装学院民族服饰博物馆藏）

图6-25　汉族前寡后奢纹挽袖二式，M15
（来源：北京服装学院民族服饰博物馆藏）

图6-26　汉族前寡后奢纹挽袖三式，W26
（来源：王金华藏）

图6-27　汉族前寡后奢纹挽袖四式，M37
（来源：北京服装学院民族服饰博物馆藏）

满纹挽袖并不是汉族的传统，相比满女挽袖中大量使用满纹挽袖的现象，汉族女子似乎并不追求在挽袖上布满纹样，因为它不符合俭以养德的修持。在带有纹饰挽袖的51例实物中，满纹挽袖出现了6例，显然，满纹挽袖并不是汉女挽袖的主流，它在汉俗中出现，有着一定的“炫贵”成分，数量表明并不提倡，或许是满族挽袖纹样系统强势反哺的表现（图6-28）。

前奢后寡纹挽袖与前寡后奢纹挽袖正好相反，这在儒家文化中无论是教化还是修德都是颠覆性的，可理解为异化或“乱制”的结果，其中误读是主要原因，这也就决定了它不论在汉族圈还是满族圈都未能成为主流的原因。因此，在带有纹饰挽袖的51例汉女便服中仅出现4例。这种前奢后寡纹挽袖现象的产生，其背后或许是晚清礼教思想逐渐混乱的产物。它已经逐渐遗失了反本修古的初心，只知其式不知其礼，把前寡后奢的慎独修养变成中看不中用的墙上画。由于实证研究的系统呈现，形成这种现象的背后凸显了一种历史的无奈和扭曲（图6-29）。

图6-28　汉族满纹挽袖，W20
（来源：王金华藏）

图6-29　汉族前奢后寡纹挽袖，M32
（来源：北京服装学院民族服饰博物馆藏）

五、满汉挽袖纹样题材比较

满汉挽袖纹样题材大体有三类，即与主体（衣身）纹样统一或呈呼应的题材、无关题材和特别定式题材。在分布上满族以呼应题材为主导，汉族以无关题材为主导。这说明满族不追求缘饰制度的束缚，汉族却不能摆脱缘饰制度的传统。因此，汉式挽袖章制相对稳定，满式多元。

1.晚清满女挽袖的纹样题材类型

据实物信息统计，晚清满女便服挽袖纹样的呼应题材、无关题材和特别定式题材中除去无挽袖和素面挽袖两种类型，呼应题材占绝大部分。采集115例，呼应题材占比达79%，其中光绪时期数量达到最高；无关题材占比17%，从数量上看道光时期最多；此外有5例特别定式题材，其数量在满式挽袖中最少（表6-6）。

呼应题材表现为挽袖纹样与袍料或边子上所饰的纹样相同。如实物G21，挽袖上所饰的兰桂齐芳纹样与袍料纹样一致；实物G93中，袍料是带有暗团纹的江绸面料，在没有纹样绣作的情况下，挽袖纹样与边子纹样相同，均为花蝶双喜纹样。呼应题材是晚清满女挽袖的主流，这种情况的出现不排除满族便服和礼服一样被纳入御制成造有关，宫廷御制在定制上相较民间更为讲究皇族血统的章制识别和统一，也在御制呈稿中强调挽袖纹样“均著照本身材料花样”的定制要求（图6-30、图6-31）。

无关题材一般有两种情况，一是在袍料或边子有纹样的情况下，挽袖纹样与其两者任何一方无关；二是袍料和边子均无纹样，只有挽袖带有纹样的情况。如实物G145，通身布满团寿纹样，但挽袖部位的万福地双喜纹不与袍料、边子以及贴边的任何一处纹样相同，题材上虽然表现出无关联，但吉祥的主题没有改变（图6-32）。另一种情况以实物G84为典型，即无主纹，风格素雅，便服为暗花绸，边子较窄，镶滚层数不多，这种风格多出现于道光、咸丰年间，衣身上纹饰最亮眼的属挽袖，在袖口衬白地百蝶梅花纹挽袖，成为整件氅衣的亮点，但也不与边子衣身纹样呼应，或有凸显挽袖纹样的意图（图6-33）。

表6-6 晚清满族女子便服挽袖纹样题材统计

类型	时期	标本												
呼应题材91例	道光	G99												
	同治	G40	G41	G43	G93	G127	G129	G129						
	光绪	G1	G4	G5	G6	G8	G9	G12	G16	G17	G18	G19	G20	G21
		G22	G23	G24	G28	G29	G30	G32	G35	G36	G44	G45	G46	G47
		G48	G49	G50	G51	G52	G53	G54	G55	G56	G57	G58	G59	G60
		G61	G62	G63	G64	G65	G66	G67	G68	G69	G70	G71	G72	G73
		G74	G75	G109	G116	G117	G118	G131	G132	G133	G134	G135	G136	G137
		G139	G140	G141	G142	G143	G144	G146	G150	GG168				
	清	G10	G76	G149	G151	G152	W1	W2	W8	W9				
无关题材19例	道光	G33	G37	G83	G84	G103								
	咸丰	G86												
	同治	G124												
	光绪	G3	G138											
	清	G80	G81	G145	G147	W3	W4	W5	W6	W10	W14			
特别定式题材5例	光绪	G94	G95	G119	W13	W15								
	清													

图6-30 呼应题材，G21
（来源：故宫博物院藏）

图6-31 呼应题材，G93
（来源：故宫博物院藏）

图6-32 无关题材，G145
（来源：故宫博物院藏）

图6-33 无关题材，G84
（来源：故宫博物院藏）

特别定式题材是在挽袖纹样的边缘饰有远看像锯齿状的饰边，近看呈规则排列的小花。这种类型的挽袖乍看并无特殊，但统计百余例实物信息后，可知有一批光绪时期的挽袖均使用这种纹样骨式，且清宫和民间都有这种情况发生，形式表现为中间牵着一条细细的深色线迹，一边是排列紧密的几何状小花，另一侧是花朵和蝙蝠纹交错排列。如此排列纹饰形成挽袖外图案边框，挽袖内核心纹样用花卉蝶纹等代表闺秀一类的纹样，构成复合型挽袖纹样的特别定式题材，有强调女红技艺的意图（图6-34）。

图6-34 特别定式题材，W13
（来源：王金华藏）

2.晚清汉女挽袖的纹样题材类型

除去实物中无挽袖纹样的8例，采集其余51例挽袖均带有纹样的晚清汉女便服，同样存在呼应题材、无关题材、特别定式题材三类纹样，其中无关题材占据主流，达78%。另外，特别定式题材共有6例，表明单独设计缘边以强调挽袖缘边制度的重要性（表6-7）。

表6-7 晚清汉族女子便服挽袖纹样题材统计

类型	标本												
呼应题材 5例	M17	M25	M38	W40	W41								
无关题材 40例	M1	M4	M5	M6	M8	M9	M10	M12	M14	M15	M16	M18	M19
	M21	M23	M26	M27	M28	M29	M31	M32	M33	M36	M37	M39	W20
	W21	W22	W23	W26	W27	W29	W30	W31	W32	W33	W36	W37	W38
	W39												
特别定式题材 6例	M3	M13	M22	M24	M35	W28							

在汉女挽袖中呼应题材不占主流，统计的51例中，仅有5例为呼应题材。以实物M38为例，挽袖与大身衣料的纹样题材均为花蝶纹，但在色调、风格和工艺上并不相同，大身为红地三蓝绣，挽袖为绿地配红蓝相间牡丹蝴蝶打籽绣，显然挽袖纹样更为讲究（图6-35）。

无关题材是晚清汉女挽袖纹样的主要题材，这使得整件衣服装饰更加丰富，纹样功能各司其职，各自相异的纹饰内容，也在一定程度上凸显了挽袖的存在和教化作用。挽袖主要运用的题材包括人物情景纹、花卉纹、博古纹、花篮纹、龙纹以及汉字纹等。实物W33是典型的人物情景纹,大身衣料的团纹内为二十四孝人物故事，在其周围点缀花蝶纹，而前寡后奢纹挽袖则采用百子纹的主题。挽袖和衣身虽然都是人物情境纹，但寓意却大相径庭。因此，袖身纹样不同的女德教化堪称妇道的教科书（图6-36）。

特别定式题材与无关题材在汉式挽袖中都是对“缘饰制度”的继承，从两个实物案例的广袖带袖胡的形制看，它们都有崇礼尚教的意味。如实物M13，纹样远看像是挽袖周围加了一个边框，实际是由密集的朵头纹样均匀排列而成。特别定式题材与无关题材一样强化了缘饰的存在和教化作用，人物情景纹都是衣身纹样的主题，但教化的题材不同（图6-37）。

图6-35　汉族呼应题材，M38
（来源：北京服装学院民族服饰博物馆藏）

图6-36　汉族无关题材，W33
（来源：王金华藏）

图6-37　汉族特别定式题材，M13
（来源：北京服装学院民族服饰博物馆藏）

六、结语

自古深衣采缘以示礼而成服制。挽袖的诞生源自明代女子以蔽内私，在挽袖上施以纹饰，就有了素地宽褾到锦绣宽褾的变化，这是燕居之服对慎独儒家修养的追求。晚清满族女子从汉人挽袖之制汲取养分运用到便服中，无论从挽袖的形制结构到纹样置陈都走了一条去汉简入满繁之路，且自成系统，成为晚清满族女子服饰独特的时代风尚。晚清满汉挽袖表现出同源异流到民族融合的服饰文化现象。在结构形制上，满式多作复合挽袖，将绣片缝缀于其中，翻折多变具繁复之风；而汉式则保持传统挽袖规制，将绣片缝缀于袖口表面，纹样不失儒统教化。纹样置陈方式上，满式将挽袖布满纹样显繁饰荣华，而汉式挽袖纹样则坚守前寡后奢以示教化；满式挽袖纹样题材与衣身统一以暗示皇戚贵胄，而汉式则采用挽袖纹样题材与衣身区隔的方式以保持缘饰制度传统。这种挽袖的文化现象随着晚清道光朝满族女子便服全面转型之时预示其盛，伴随其发展渐成标志性符号，是清代满族女子便服兴衰的见证。挽袖可谓满俗汉制民族融合的经典范式，承载着最后的封建王朝满汉深度融合的文化内核，纵然在晚清终止都试图保持着各自的满汉畛域，以维护自身的族属认同，但事实上不过是中华民族多元一体文脉同源异流的潺涓而已（图6-38）。

图6-38 晚清同源异流的满汉“姐妹”[1]
（来源：威尔科姆图书馆藏）

1 苏格兰摄影师John Thomson，拍摄于1868-1872年间的中国，图为满汉“姐妹”的氅衣和袄裙，不变的是繁复和礼制的挽袖标志。

第七章

晚清便服呈稿与纹样规制

晚清便服纹样集中地表现“满俗汉制”的特征，满俗并非是在纹样形式上的表征，而是由骑射文化所造就的征服精神和学习意识。考察满族的纹样历史，几乎就是取汉族习俗的历史，到晚清可谓走到了集大成的巅峰。所谓汉制也并非汉人的制度，而是以他山攻错的方法壮大完善新制，这些也在清档和实物中完整地记录下来。现存清宫档案中，内务府造办处办理绣活处的呈稿与画样，以及三织造局发回宫中的奏案、活计摺等，详细记述了晚清满族女子便服纹样的使用题材、称谓、程式等重要的制度信息。晚清满族女子便服不同品类的纹样使用虽无明显界限，但绝不是随意为之。便服纹饰所表现的女性生活志趣与精神寄托，从题材到命名无不渗透着对美好生活的祝福和崇尚女德修养的慰藉。它们的利器就是借助儒释道的经典意象，抑或赋予中国文人诗画情境，可谓创造了纹必有意，意皆肇于中华的满族纹样范式。

一、从纹样的礼服制度到便服教化

便服按清律虽不入典，便服纹样也绝不会照搬礼服纹样的制度，只是它们各司其职。晚清满族女子礼服是按《大清会典》所规范化的服饰，清入关后历经康熙、雍正、乾隆、嘉庆、光绪五朝的修纂，自乾隆后渐成定制。朝服与吉服始终作为清代女子礼服存在着，其纹饰制度明显地呈现清承明制，按乾隆的说法就是“取其章不沿其式”，因此礼服的纹样系统没有太大的改变。礼服纹饰内容明确而限制严格，包括十二章纹、龙蟒纹、云纹、蝠纹、八宝平水纹、江山万代纹等，以身份等级不同限制十二章纹、龙蟒数量和姿态。吉服和朝服纹样具有鲜明的身份阶级象征，以纹饰象征不同的尊卑地位，且纹样内容和形制具有明确行为规范和督察作用（表7-1）。

相对礼服典章的制约，便服的纹样传统强调伦理修养教化，故在清代不论是形制还是纹样在清入关后都在不断发展变化，便服称谓也历经了较大的改变，赋予了满俗汉制的价值取向。清道光时期最终确立了便服样式，其表现为丰富缘边镶滚边饰，且放弃马蹄袖而呈平口挽袖的特征，在道光朝的各种画像如《道光帝行乐图》《喜溢秋庭图》《孝全成皇后与幼子像》《孝全成皇后与幼女像》等都有所表现。从传世的便服实物分析，最早的氅衣也出现在道光朝。道光时期妇女便服形制和纹饰系统成为晚清的标志性特征，但此时它们仍被称为袍和衫，并未形成独立的便服系统（包括称谓、纹样、面料和工艺）。从清档内务府造办处的呈稿与奏案看，咸丰年间女子便服称谓包括单衫、长衿袍、袷袍、袷褂、袷衬作为规范的便服称谓和系统，自然也就有了区别于礼服的纹样系统。同治年间便服称谓发生了较大的改变，氅衣、衬衣、紧身、褂襕、马甲等成为标准便服称谓。便服体系的纹样虽然没有严格的制度，但可以从礼的制度中不难理解便服所继承的女德教化是要靠伦常维系的，同样根据身份尊卑不同有明显的约束，纹样灵活但也不可僭越，这在清末具有标志性的同治三织造呈稿中得到证实。

表7-1 光绪《大清会典》女子朝服与吉服纹样规制

身份等级	朝袍纹样	朝褂纹样	朝裙纹样	吉服纹样	吉服褂纹样
皇太后 皇后 皇贵妃	制式一：五爪金龙十七条，正龙六条、行龙六条，间饰五色云蝠等，下幅八宝平水或江山万代 制式二：五爪金龙二十四条，正龙六条，行龙十八条，间饰五色云蝠及海水江崖 制式三：同制式一	制式一：前后立龙各二条，四层襞积，一三层为行礼各四，二四层为万福万寿纹，间饰五色云蝠 制式二：前后正龙各一，腰帷行龙四条，下幅行龙八条，间饰五彩云蝠 制式三：前后立龙各一，下幅八宝水平，间饰五彩云蝠	寿字，五彩五爪行龙	五爪金龙二十条，正龙八条，行龙十二条	五爪金龙八团，正龙四团，行龙四团
贵妃 妃 嫔	制式一：五爪金蟒十七条，正蟒六条、行蟒六条，间饰五色云蝠等，下幅八宝平水或江山万代 制式二：五爪金蟒二十四条，正蟒六条，行蟒十八条，间饰五色云蝠及海水江崖 制式三：同制式一	制式一：前后立蟒各二条，四层襞积，一三层为行礼各四，二四层为万福万寿纹，间饰五色云蝠 制式二：前后正蟒各一，腰帷行蟒四条，下幅行蟒八条，间饰五彩云蝠 制式三：前后立蟒各一，下幅八宝水平，间饰五彩云蝠	寿字，五彩五爪行蟒	五爪金蟒二十条，正蟒八条，行蟒十二条	五爪金蟒八团，正蟒四团，行蟒四团
福晋 郡主 公主 县主等	五爪金蟒十六条，正蟒六条，行蟒十条	褂前行蟒四条，褂后行蟒三条	四爪行蟒	五爪金蟒二十条，正蟒八条，行蟒十二条	五爪金行蟒四团
民公侯伯子男夫人 奉国将军恭人 一品至七品命妇	四爪金行蟒四条	四爪蟒纹，前行蟒二条，后行蟒一条	四爪行蟒	四爪金蟒二十条，正蟒八条，行蟒十二条	花卉纹八团

二、同治中兴三织造便服呈稿的纹样

1. 三织造便服呈稿

这里需要重提同治六年四月初三日的清档，这里要特别关注对便服纹样的记述。由宫廷内务府造办处办理绣活处发出的三织造呈稿中详细记录当年指派各地官营造办处的成做活计：“……传知造办处，照交下应预备皇后所用等项活计、花样五分，传办各款活计单八件，内：粤海二件、两淮二件、杭州二件、苏州一件、九江一件等五处。均著造办处缮写各项活计数目红摺各一分，分交各处，敬谨成办，再传知各该处监督织造等必须妥为筹办……”其中传办粤海关（广州）制作九凤细珍珠各式挑牌跳针大小腰结珊瑚珠正珠朝珠等饰品，传办九江关（江西）烧造瓷盘碗茶缸等项器皿，最后传办杭州、两淮、苏州三地织造，即三织造[1]，负责织造各项服装面料等。红摺（折）中，苏州成做各式朝袍二十件、朝褂二十件、披肩二十件、吉服袍五十八件，吉服褂四十五件、氅衣面二十八件、氅衣边二十八件、领面三十二件；杭州成做氅衣七十九件，紧身二十八件、马褂十二件、褂襕十六件；派往两淮（江宁织造）包括氅衣面七十八件、褂襕面八件、马褂面十二件、紧身面二十二件。呈稿中记载要求所有朝袍朝褂、金龙蟒袍、有水褂、无水袍、氅衣身长均计四尺四寸，马褂紧身等均照合计身长尺寸织办，每一款制成的匹料均随本身花样配一份边子。在同一个呈稿花样摺中，朝服类匹料四十件，吉服类一百零三件，便服类高达二百二十八件，便服比朝服和吉服之和还多，纹样品类也更为丰富。

通过对中国第一历史档案馆现存清代内务府卷宗与故宫博物院所藏善本中的清宫服饰图档[2]两项官文文献整理，发现同治六年四月初三日发往三织造呈稿中的便服活计存在相对应的活计单与画样，这对晚清女子便服纹饰的类型、称谓及表现形式的系统研究具有重要史料价值。为了使地方织造对于总数超过二百件的便服画样，收到呈稿画样时不至混放错发，在红摺中对不同织造地的活计标记了不同编号，且画样的编号位置与名称放置有明显区别。这使得如今我们在研究大量图像文献中得以找到便服纹样规制的蛛丝马迹，对其重新整理

1　江南三织造：江宁织造、苏州织造与杭州织造并称“江南三织造”，是清代在江宁（今南京）、苏州和杭州三处设立的、专办宫廷御用和官用各类纺织品的皇商。三织造是为宫廷供应织品的官营机构。

2　朱赛虹主编：《故宫博物院藏品大系・善本特藏编 15：清宫服饰图档》，故宫出版社，2014，第304-313页。

研究，使得珍贵的清末呈稿画样史料得以重现。内务府发往杭州织造呈稿《为办理杭州织造织办各色氅衣褂襕等项活计事等》[1]，计粘活计摺一件，记录的便服主要是氅衣、褂襕，还有少量紧身和马褂等。面料有绣缎、直径地纱、芝麻地纱、实地纱、缂丝等。纹饰所呈现的面貌可谓是便服的纹样博物志。由此可见，清末满族妇女便服，无论从形制、面料到纹饰，更能真实生动地反映晚清时代风貌。从便服使用包括缂丝在内的高端面料来看，其精美奢华程度绝不逊色于礼服，更有甚者，便服还可以得到“制度”之外的特别关注（见附录1-1）。

发往三织造呈稿活计摺有各自表述规范，说明无论礼服还是便服，在成造环节是有标准的。“传杭州”的织造呈稿，活计代号为“数字+号”的组合，对应找到右下角同样标记的画样，且其纹样名称写在黄色签条上并贴于右上角。如红摺提到“二十八号绿色乾枝梅氅衣面二件 内缂丝一件 绣实地纱一件”为例，画样居中，其代码在右下角用汉字“二十八号”表述，画样颜色与红摺中描述的颜色绿色一致，画样内容与“乾枝梅”名称相符，并墨字标注在右下角。对照故宫所藏善本清宫服饰图档，具有同样代号标记，与呈稿中所记录的所有信息相对应（图7-1）。

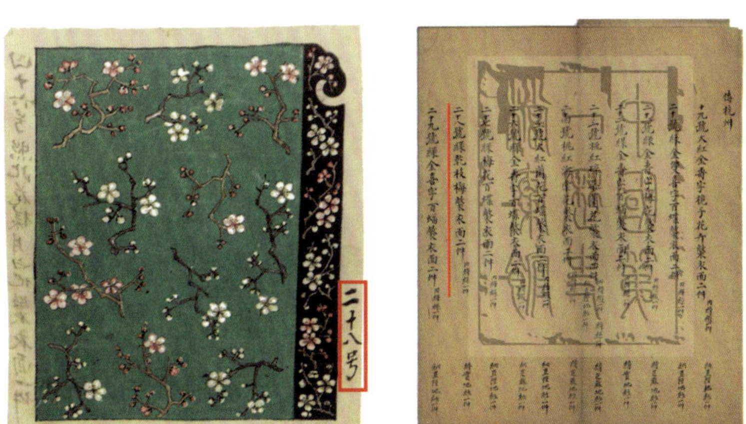

图7-1　内务府发往杭州织造呈稿所附画样——“二十八号”（左为画样，右为红摺）

（来源：《故宫博物院藏品大系・善本特藏编 15：清宫服饰图档》）

1 中国第一历史档案馆，档号：05-08-012-000060-0006。

内务府发往苏州织造呈稿《为办理苏州织造织办朝袍朝褂等项活计事等》[1]，计粘活计摺两件，其活摺涉及便服部分要少于礼服。三织造中成造礼服、便服还是有所分工的，便服用“另”字号表示（见附录1-2）。

内务府发往江宁织造呈稿《为办理两淮织办氅衣褂襕等项活计事 同治六年四月初三日》[2]，计粘活计摺两件，与传杭州的织造呈稿相同，仍以氅衣、褂襕为主和相同的面料，纹样亦便服所属应有尽有，前缀以“另”字加数字表示，有制度上的安排值得研究（见附录1-3）。

通过对比发现，发往苏州与两淮的呈稿中，两处所发派便服画样号记为连号，表述形式为“另+数字+号”，并标注在画样右下角。苏州活计摺中“另五号桃红三蓝百蝶碎兰花氅衣面四件 内绣缎二件 纳直径地纱二件”，对应号记为另伍号画样桃红色等信息与活计摺相吻合。两淮活计摺中“另十八号绣桃红缎子孙万代氅衣面四件”，对应号记为“另拾捌号”画样“子孙万代”图案、颜色和内容与活计摺文字表述相符（图7-2、图7-3）。

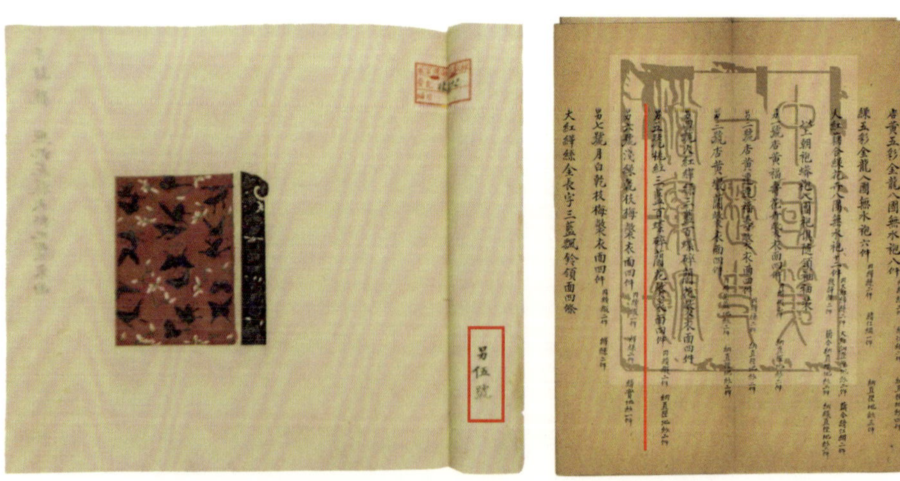

图7-2 内务府发往苏州织造呈稿所附画样——“另伍号”
（来源：《故宫博物院藏品大系·善本特藏编 15：清宫服饰图档》）

1 中国第一历史档案馆，档号：05-08-012-000060-0009。
2 中国第一历史档案馆，档号：05-08-012-000060-0010。

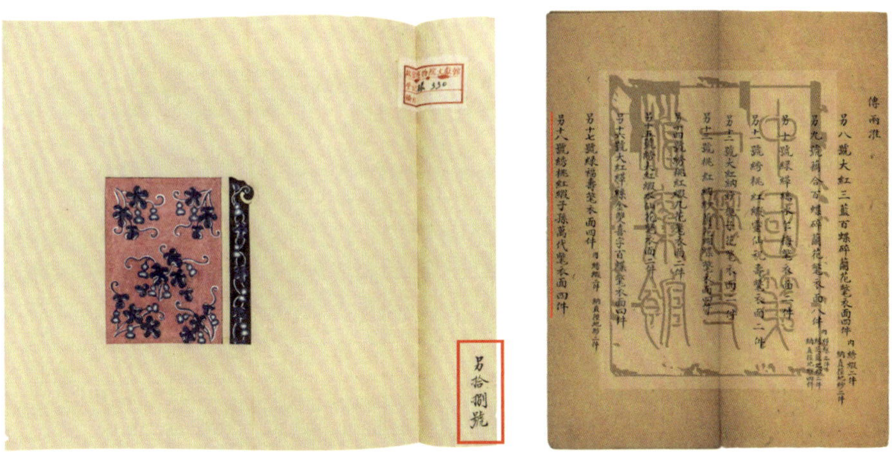

图7-3　内务府发往两淮织造呈稿所附画样——“另拾捌号”
（来源：《故宫博物院藏品大系・善本特藏编 15：清宫服饰图档》）

2. 呈稿纹样图谱与儒统意涵

通过对同治六年四月初三日内务府织造呈稿便服画样的梳理，三份活计摺，留存可对应画样62幅，纹样48种，基本囊括了所有活计单中涉及的纹样类型，只有一种纹样未被找到。透过呈稿完整的画样，可以窥见晚清满族女子便服纹样装饰之丰富、汉文化影响之深厚，反映了晚清同治时期前后满族女子便服纹样题材、称谓及表现形式的完整面貌。通过这些系统的晚清官方纹样史料的研究，可以得到其纹样设计思维、称谓、表现形式等所承载的晚清宫廷女子燕居生活中呈现的文化意涵。一个单品的纹样格式，作为衣身的主纹通常利用连续型骨式，值得注意的是也有大量非连续型的，采用自由式的绘画风格，这与同治朝的“画画人”与“画匠”合并成“画士”统一由如意馆管理制度的改变有关。便服纹样的实践成了他们的舞台，也就催生了这个时代独特的纹饰美学样式。与主纹样相配合的还有挽袖、边子、贴边等纹样，由于局域和工艺的限制，它们通常使用二方连续骨式，但纹样的题材要与主纹相一致。主纹样大体上分为单一元素纹样、双元素纹样和多元素纹样。由此可见，同治呈稿便服纹样系统构成了晚清图案文化的经典范式图谱（表7-2）。

表7-2 同治内务府织造呈稿主纹样的称谓与画样

单一元素纹样	
 乾枝梅	 冰乍梅花
 墩兰	 墩兰
 竹子	 竹子
 水仙花	 水仙花
 荷花	 碎朵兰花

（续表）

单一元素纹样	
 藤萝花	 桂花
 九花	 勤娘子
 桃花	 百蝶
 三彩百蝶	 五彩百蝶
 子孙万代	 子孙万代
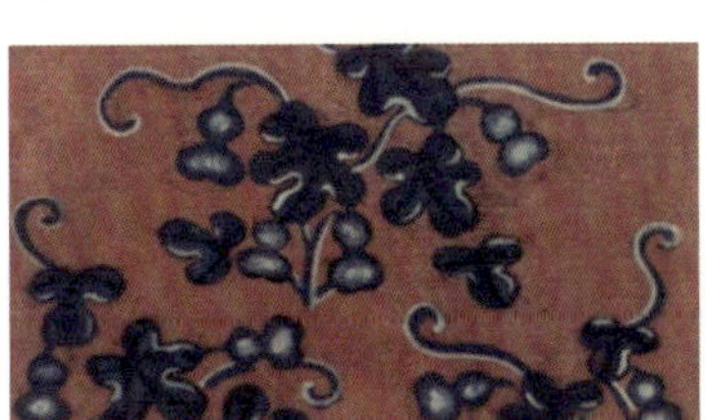 子孙万代	 子孙万代

双元素纹样	
 兰花百蝶/百蝶碎兰/兰花蝴蝶	 兰花百蝶/百蝶碎兰/兰花蝴蝶
 兰花百蝶/百蝶碎兰/兰花蝴蝶	 连连双喜
 喜字百蝠	 双喜百蝶
 兰花蝴蝶	 寿字百蝶
 梅花百蝶	 梅花蝴蝶

（续表）

双元素纹样	
 竹兰	 竹兰
 竹梅	 红杏万年
 福寿双全	 贵子兰孙
 团寿梅花	 长寿栀子
 富贵有余	 瓜蝶绵绵

多元素纹样	
 灵仙祝寿	 灵仙祝寿
 寿字长春	 喜寿长春
 五福寿先	 寿山福海
 花篮	 八香
 岁寒三友	 江山万代

（续表）

多元素纹样	
 九思图	 凤鸣春晓
 福缘善庆	 福缘善庆
 万福	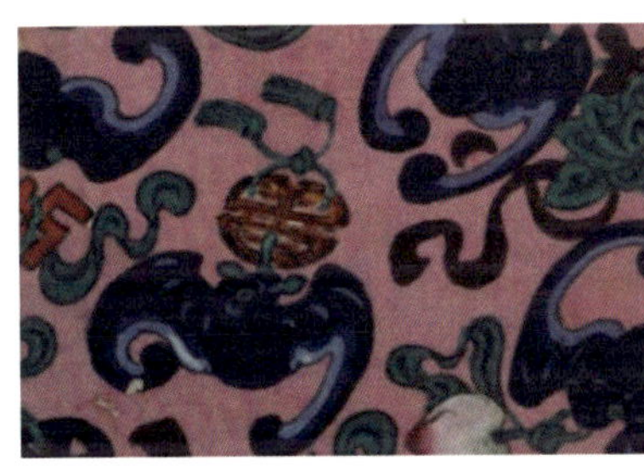 万福百寿

通过对同治内务府便服呈稿画样的分析，纹样类型大体可以分三类。

第一类，画样中只有单一元素纹样，多以植物（花卉）和动物为主。单一元素中数量最大的当属花卉，通常是引入儒家的修德教化和祈福吉祥的寓意，如梅兰竹菊、岁寒三友、勤娘子、桂子兰孙、灵仙祝寿等，表现晚清满女追求与汉儒相同的标准以宣示优越满族的高贵质素。这种类型的表现形式与汉族的有所不同，为体验亲眼所见，纹样强调写真自然，但题材要有寓意。具体的纹样称谓要产生联想，大体上有三种。第一种称谓是直呼其名，目的是产生美好联想的意象，如荷化纹、水仙花纹、桃花纹、海棠花纹、桂花纹、藤萝花纹、竹子等。第二种称谓是在花名基础上加入形态寓意，如乾枝梅——所绘梅花是有曲折枝丫的；碎朵兰花——只截取兰花花头的部分；冰乍梅花——在梅花之下加冰裂纹，营造梅花生长乍暖还寒的生活情境；墩兰——取整个兰花包括其根部；花篮——花卉放置于器皿竹篮中。如此它们都有修身的意义。第三种称谓是采用花卉的别称，以引申奥义，如勤娘子指牵牛花，子孙万代泛指葫芦，九花指菊花。菊花图案在满俗中并不多见，即便使用也不直呼名称而用含义代称。九花意指菊花，在农历九月开花得其名，清人富察敦崇所著《燕京岁时记·九花山子》中记载："九花者，菊花也。每届重阳，富贵之家以九花数百盆，架庋广厦中，前轩后轾，望之若山，曰九花山子。"[1]单一元素纹样中除了花卉纹，还有动物纹。最具代表性的是蝠和蝶，这是引入汉俗的"谐音报吉"，如百蝠——取谐音"百福"，百蝶——根据其色彩要求还有三彩百蝶和五彩百蝶，蝙蝠与蝴蝶是清代承汉俗象征 "福德锦绣"的典型纹样。单一元素纹样还吸纳了汉统标志的纹样，这就是汉字，当然喜字、双喜字、团寿字一定会被规范系统引用的，如数量多就寓意百福百寿，它多与其他纹样组合使用。

第二类，双元素组合纹样。在常见单一元素纹样基础上两种不同题材元素纹样组合，包括动物与花卉、文字与花卉、器物与花卉等。称谓主要有三种。一为直呼其元素名称的组合，二为将两种元素利用其谐音或所蕴含的意象组成吉语的成语，三为利用两种元素组合名称表达诗词画作中典故的文学艺术意蕴。第一种直呼两个元素名称是强调自然诗化的，如梅花百蝶、梅花蝴蝶，兰花百蝶、百蝶碎兰、兰花蝴蝶，竹梅、竹兰等。与文字组合更强调吉祥祈福的世俗表达，如团寿兰花、团寿百蝶、喜字百蝠、双喜百蝶、长寿栀子、双喜荷花等。第二种利用两种元素谐音或所蕴含的意象组成寄语、吉语或成语，如贵子兰孙——桂花与兰花组合，也称桂子兰孙，是对他人子孙的美称，出自明朝汤显祖《紫箫记·就婚》[2]；连连双喜——莲花与双喜字组合；富贵有余——牡丹与金鱼组合；瓜蝶绵绵——南瓜与蝴蝶组合，也称瓜瓞绵绵，来源于《诗经》中的《绵》[3]，其首句有"绵绵瓜瓞"四字，清代成为一种祝愿子孙昌盛、兴旺发达的吉祥愿景；福寿双全——蝙蝠与桃子组合，这无疑是孝文化在满俗中得到提升的体现。第三种取诗词画作中典故元素组合的名称，如九思

1 [清] 潘荣陛、富察敦崇：《帝京岁时纪胜·燕京岁时记》，北京出版社，1961。
2 郑恢：《事物异名分类词典》，黑龙江人民出版社，2002，第303页。
3 [春秋] 孔子删订：《诗经》，中国文史出版社，1999。

图，九思出自《论语·季氏篇第十六》[1]："君子有九思：视思明，听思聪，色思温，貌思恭，言思忠，事思敬，疑思问，忿思难，见得思义。"九思意指提醒人们勿忘德行修习，也是清代经典的绘画题材。冷枚、任伯年等均画过九思图，多用九只鹭鸶，取谐音九思。沿用到服饰纹样上，九思图是带有鹭鸶的纹样形式，寓意君子修身齐家治国平天下，修身是一切的前提，可见满汉文化融合的深刻性。

第三类，多元素组合纹样。指三种或三种以上的元素搭配而成的纹样组合形式，包括花卉、动物、文字、特殊符号等。称谓主要取其纹样谐音或所蕴含的意象组成寄语、吉语的成语，亦多取自诗词画作典故等。如灵仙祝寿——灵芝、凤仙花、天竹花、寿桃组合，五福寿先——蝙蝠、寿字纹、水仙花组合，喜寿长春——喜字、蝴蝶、芍药组合，凤鸣春晓——凤凰结合蒲桃花、兰花、杏花、竹子等春日意向的植物，灵仙祝寿——灵芝、仙鹤、竹子、寿字组合，江山万代——山崖、如意云头、万字纹组合，福缘善庆——福字、圆球、宝扇、磬组合，福山寿海——桃子、蝙蝠等组合，万蝠百寿——蝙蝠口衔各种寓意福寿的纹样。取诗词书画典故称谓的，如八香——出自乾隆所题《戏拟夏卉八香图》，八香包括兰、夜来香、晚香玉、茉莉、珠兰、荷、栀子、玉簪；岁寒三友——出自宋代林景熙《王云梅舍记》"即其居累土为山，种梅百本，与乔松修篁为岁寒友"[2]，岁寒三友纹样指梅花、竹子和松树的组合（见表7-2）。

1 杨伯峻：《论语译注》，古籍出版社，1958，第179页。
2 张嶂：《翁森集校注》，现代出版社，2015。

三、光绪便服奏案的纹样

相比同治年间的便服呈稿与样稿，光绪便服中的纹样则已趋于定型，达到程式化、工笔化的织绣纹样高峰。一个辉煌帝国的衰败大势，与内廷承造织绣的繁荣形成鲜明对比，以同治和光绪两朝样稿纹样的面貌，可以管窥晚清满族服饰纹样由盛到衰的流变过程。

光绪十年九月初九日，苏州织造奏案，呈龙袍褂氅等物共四百七十八件，具清单一并呈览。从奏案清单上看，上用共计一百五十四件，上用之中大部分是女子便服共计一百一十件，其中氅衣三十一件，衬衣三十五件，马褂十二件，紧身二十四件，褂襕四件，马褂四件。赏福晋用便服四十八件，氅衣十六件，衬衣十六件，马褂十六件。所有上用便服和赏福晋用便服俱加寿字纹，可见寿字纹在光绪年间的应用程度之高，暗示对大清王朝前程延寿的祈盼。便服使用寿字纹穿插其他花卉植物之中，恐怕是表达弥漫于日常忧心情绪最好的方式。花卉纹样虽应有尽有，但几乎都加入了团寿纹，包括竹子、百蝶、兰花、藤萝、九花、球梅、灵芝、水仙、荷莲、福寿、牡丹、墩兰、杷莲、百蝠、云鹤、梅花、西府海棠等，对花卉团寿题材的表现形式也大不如前，配色工艺虽精湛华丽，但创造力不足，略显刻板，典型的配色也大大压缩，仅有淡彩、水墨、三蓝和金四种。

苏州织造于光绪十年九月初九日奏案清单[1]中便服是主要品种，并注文“上用”和“赏福晋用”。值得注意的是，奏案特别提示“俱加金寿字”可谓非富即贵，也说明了这一时期以满俗汉制为特征的物质文化的民族性表现得更加紧密，有借助强大的汉文化维持日趋衰微政权的意味（见附录2）。对比同治朝的便服纹饰，光绪朝无论题材的选择、元素搭配、色彩运用还是绣作工艺都有明显下降，唯寿字纹的使用频率大为提高。故宫博物院现藏光绪清宫的传世氅衣[2]，为光绪十年九月初九日苏州织造奏案样稿中的色彩、纹样、搭配等描述的记载提供了实物佐证。同一题材样稿纹样与配色风格与实物相同，它们共同构成晚清满族女子便服纹样系统完整的文献史料，而在纹样题材和置陈上所隐藏鲜为人知的秘密并未被解开，有待更深入的研究（图7-4）。

1 中国第一历史档案馆，档号：03-5540-017。
2 殷安妮：《清宫后妃氅衣图典》，紫禁城出版社，2014，第358-361页。

淡彩牡丹金百寿

水墨竹子金百寿

淡彩百蝶金百寿

淡彩九花品月百寿

金水仙金百寿

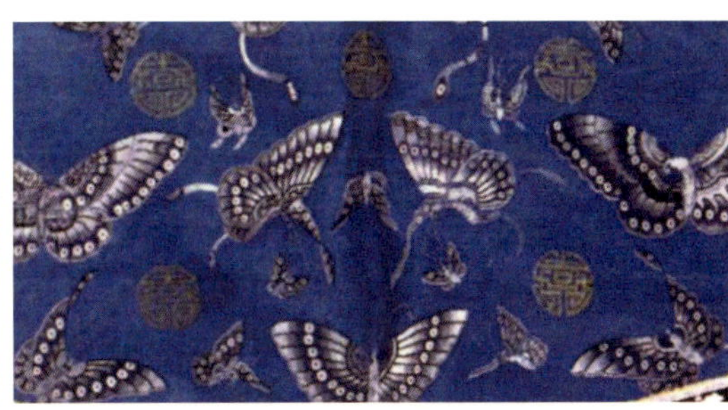

水墨百蝶金百寿

三蓝水仙金百寿

淡彩水仙金百寿

图7-4　光绪十年九月初九日苏州织造奏案的纹样称谓与实物纹样对照

四、结语

从同治内务府织造呈稿活计清单的名称与画样程式来看，纹样名称多源于儒释道意涵与汉文化典故，纹样系统与便服中的氅衣、衬衣、马褂、褂襕、马甲完全可以通用，只在画样格式配合服装类别上加以区分。纹样的取材对象中，花卉植物有梅花、兰花、竹子、菊花、海棠花、藤萝花、葫芦、牡丹花、芍药花、牵牛花、水仙花、杏花、松树、桃花、桃子、荷花、栀子花、桂花、夜来香、晚香玉、茉莉花、珠兰花、玉簪花等，动物有金鱼、蝙蝠、蝴蝶、鹭鸶、仙鹤、凤凰等，文字符号有万字、喜字、寿字、双喜字等，寓意纹有八仙、八宝、山崖、如意云头等。可见纹样题材的选择，反映了鲜明的女德教化特征，花卉居多，寓意多为祈寿祈福祈子等带有宗族伦常礼教色彩的意图。一款画样可以利用以上纹样系统，提取单个元素或者两个元素甚至多元素，根据骨式规律组成纹样。称谓命名的直呼式、联姻式、谐音式、典故式等，也都带有教化色彩。汉统妇女服饰纹样带有教科书式的儒家谱牒，在满族文化的继承与践行中有过之而无不及。在制度层面，从呈稿便服纹样的设计到命名，其构想到成造绝非一时灵感或个人好恶的结果，体现出严格的意匠传统与名物逻辑。可见晚清满族女子便服纹样虽在典章之外，却对中华礼制蕴含着深刻的思考。

第八章

结 论

晚清满族女子便服，自清道光年间从形制、纹饰到制度都进入了全面转型期，这一系列的变化在同治初年被正式命名为氅衣、衬衣、褂襕、马褂、紧身。到了晚清，纹饰由简入繁，成为中国历史上传统服饰纹样发展的一个巅峰。如此也被记录在清官营织造档案中。对这些官方文献的梳理，揭开了晚清满族女子便服纹样设计的题材类型、文化传统与命名逻辑。结合系统的传世实物研究，晚清满族女子便服繁复纹饰背后的隐襕现象，有其反本修古的根源所在。在对满汉便服挽袖形制结构与纹样置陈关系的对比研究中，可以确定的是“满俗汉制”从锦绣宽褾到“去汉简入满繁”的同源异流关系。通过实物信息统计还发现，这种满汉同源异流是乾隆定制“取其章不沿其式”服制基本国策的体现，而“取其章”并非原封不动地照搬汉制，而是在纹样的表现特征与题材上强调汉入满俗的差异。研究表明，晚清满族女子便服繁缛纹样的背后看似试图在坚持对满汉畛域的努力，而事实上是中华民族一体多元文脉同源异流的涓涓细流。因为纹必有意，皆肇于中华。

一、汉纹满意，肇于中华

现存清宫档案中，内务府造办处办理绣活处的呈稿与画样，以及三织造局发回宫中的奏案、活计摺等，都详细记述了晚清满族女子便服纹样的使用题材与称谓具有重要的史料价值。晚清满族女子便服不同品类间，纹样使用虽无明显界限，但绝不是随意为之，纹必有意，其生动记录了满族贵族妇女燕居生活的秩序与情趣。纹样以花卉题材为主，结合植物、动物、汉字以及宗教符号等，被绘制于便服匹料画样。在称谓上，单个元素命名形式有三，一为直呼其名，如“梅花”“兰花”等；二是在名上加入具体形态，如“乾枝梅”指枝干曲折的梅花，“碎朵兰花”指兰花的花头等；三是取其别称，如“勤娘子”指牵牛花，“九花”指菊花等。多个元素命名形式有三，一是名称组合，如“梅花百蝶”“团寿百蝶”；二是取谐音作吉寓成语，如“桂子兰孙”指桂花搭配兰花的纹样，是希望子孙有才德的象征；三为引经据典，如“九思”借鹭鸶的纹样，寓《论语》的“君子有九思”之德等。

纹样从题材到命名均象征着美好的祈福或崇尚的品德，无不渗透着儒释道之中华修齐治平意象，抑或是中国文人诗画的雅趣，可谓纹必有意，意皆肇于中华。纹样由简入繁，满纹被崇尚，至光绪朝，纹样繁复达到顶峰，堆砌繁缛趋于僵化，但纹样组织并非无秩序，相反创造出极具程式化的隐襕骨式，形成晚清独特的纹样表现语言。这种充满反本修古的智慧，继承了中华古老的“襕制”文化。

二、隐襕饰语的“反本修古，不忘其初”

晚清满族女子便服虽满纹绣作，襕隐其中变化有度且自成系统，这与一式一制的制作方式有关。便服织绣匹料上纹样的繁复，造成手工批量制造的困难，通过一制一式为制成后不管搁置多久都能够以“式”照做，特别在织绣过程中纹样置陈尤为需要按“制”经营。制作时遵照纹样（“式”）依附于服饰结构（“制”）的原则，形成了由十字型平面结构为坐标的隐襕骨式的整体纹饰置陈格局，确是满人的伟大创举。

襕作为中华多民族传统服饰章制文化的共同基因，历经朝代更迭被代代相传。襕初用并非装饰纹样，原指服之制式。襕制源于南北朝，是衣摆缝缀的一圈拼布，成为襕袍、襕衫。发展至宋元时期，“下施横襕为裳”的襕制与长条状的襕饰已经成为中华多元文化特征的典型服饰范示，与十二章纹、补章制度有着同等的服制功能。明朝襕制发展到顶峰，成为官服的标志之一，如赐服等级是由襕式加以区别的。清朝襕饰成为皇室礼服专用，便服由显入隐，襕饰从“通袖膝襕”到“身花大小襕十二条”，是对传统的继承和发扬。通过对百余件晚清满族女子便服和传世匹料标本进行研究，发现隐襕中包含肩襕式、空襕式、抢襕式、肩袖襕式、满袖式的个性表现形式，亦揭开了晚清便服中隐秘而丰富的隐襕饰语充满着“反本修古，不忘其初”的智慧。

三、挽袖满俗汉制从“蔽其内私”到“章示女德”

清初旗人入关延续满俗，男女均着满袍，袖式为由游猎民族继承而来的马蹄袖，平日均可将马蹄袖挽起，行礼时翻下，由满俗定为礼制，但不施纹样。晚清满族女子从汉女挽袖中汲取养分，结合满族平时挽马蹄袖的习俗，运用到便服中，形成满女便服袖式，这或许与汉女燕居之服的挽袖不谋而合。挽袖是由明代汉族女子为“蔽其内私”缝缀的绣缘而上升到女德的标志，即素地宽褾，这是燕居之服对于礼的表现。从明到清，挽袖在汉族女子便服中传承，并渐饰以赋予女德教化的纹章，端坐手搭放于前时露出纹样，以此彰显绣作和宗族妇道的女德。这就有了挽袖锦绣宽褾前寡后奢的纹样骨式，无疑具有深厚的礼教传统才能得到坚守。

道光朝，满族女子便服开始迈向全面转型，挽袖便是标志性的，习取汉制渐成满俗，无意“蔽其内私”，以挽袖章制来“章示女德”。在其后咸丰、同治、光绪三朝，“秀女汉妆”已经从幕后走向前台，挽袖逐渐成为这个时代服饰风尚的文化符号。挽袖作为标配使用于满汉女子便服中，挽袖形制结构和纹样置陈形成标准制式，绣作也形成一套匠作程序。这一切发生于满族对“以蔽内私”到“章示女德”的发扬光大，对汉文化产生着反哺作用。在同治中兴也反映在满族贵妇的日常生活中。作为便服标志的挽袖，是独立于面、边子、贴边的便服匹料之一，通常为独立绣片，缝缀于袖口部位。通过实物信息的袖型统计，晚清满汉挽袖同源异流的表现得到实证。满族女子便服挽袖的形制结构以挽翻袖为主，多无组合特征，将挽袖绣片缝缀于其中，形成翻折层叠，用绣作缘饰强化挽袖的个性表现。而汉女则多做单纯挽袖强调传承有序，将挽袖绣片缝缀于袖口表面，保持宽褾汉式。纹饰置陈，满族追求挽袖满布纹样为尚，而汉族强调挽袖前寡后奢为宗，暗引俭以养德。满族注重挽袖纹样题材与衣身的统一性以示皇贵血统，而汉族则挽袖纹样与衣身纹样相对独立，突出挽袖章制，彰显礼教传统。可见挽袖满俗汉制背后所蕴含的是一体多元的中华文脉。

四、“取其章”满汉同源异流的中华文脉

满人入主中原，建立清朝，脱离了故土寒地的生活环境和游猎的生产方式，从漫长的部落氏族联盟到短暂的奴隶制社会再到封建社会，其服饰制度滞后于社会变革的进程。清代统治者从历史进程中反思，吸取祖先渤海、后金等政权建立服制的经验教训，继承历朝承前制取中华文脉的传统，在本民族传统基础上，创制了“取其章不沿其式”的清朝服制典范。由于满族服饰结构保持游猎文化的特质，形成了简式繁章的特色。一是男女服饰在结构差异上历代最小，均为袍外加褂或马甲搭配；二是不同阶层间差异小，同一品类的服装制式不受穿着身份而改变，故以纹章区别之，使得服饰纹样的作用比历代都更为突出。

清代服饰纹样由简入繁是必然的选择，但中华襕饰文化从未消失，并成为满族特殊饰语，表现为满饰纹样隐性的置陈法则，这是中华襕饰文化流传至清代仍未在传统服饰发展中断裂的有力证明。清代满族女子便服不入典章，而依然注重“反本修古，不忘其初”，制有形之于无形之中确是满服的创造。

晚清，满汉女子在挽袖上添加纹饰成为便服中不可或缺的点睛之笔，但满族和汉族大不相同，“取其章”就是取旧章制，但并非食古不化。挽袖自明代出现始于汉族女子对“蔽其内私”的功用，在明清发展过程中饰以纹样成为汉族女子旌表女德的教化符号，而满族女子却以此彰显个性，所谓“民主自由”的萌芽自在其中。它们虽然在表象上趋同，事实上的企图刚好相反。“旌表女德教化”实为一股无形的强大封建力量，规范和左右着处于被支配地位的妇女阶层，也就是说这种表现是被动的或被迫的非自我表现。而满族借此彰显个性就大不相同，它甚至是非体制内的反传统表现，因此，“秀女汉妆”在皇贵中出现也就如临大敌，最后还是从后台走向前台。一个最重要的原因就是这些历久弥新的纹章题材、内涵、寓意等教化都充满着博雅和修身的意义，最终还是文化的力量凝聚着民族认同。因此，无论是挽袖纹饰的满奢汉寡，还是隐襕密语的满汉异同都展现出中华文化多元一体的特质，以及它的深刻性。

参考文献

[1] 王宇清. 冕服服章之研究[M]. 台北:中华丛书编审委员会,1966.

[2] 朱赛虹. 故宫博物院藏品大系・善本特藏编15：清宫服饰图档[M]. 北京:故宫出版社,2014.

[3] 野崎诚近. 吉祥图案解题[M]. 东京：平凡社,1940.

[4] VOLLMER J E. Ruling from the dragon throne:costume of the Qing Dynasty[M]. Berkeley:Ten Speed Press,2002:12.

[5] 刘瑞璞,魏佳儒. 清古典袍服结构与纹章规制研究[M]. 北京:中国纺织出版社,2017.

[6] 李立新. 设计艺术学研究方法[M]. 南京:江苏美术出版社,2010.

[7] 王国维. 古史新证[M]. 北京:清华大学出版社,1994.

[8] 饶宗颐. 饶宗颐二十世纪学术文集・卷一:史溯[M]. 北京:中国人民大学出版社,2009.

[9] 杨向奎. 宗周社会与礼乐文明[M]. 北京:北京出版社,2022.

[10] 程中原. 国史党史七大疑案破解:四重证据法[M]. 上海:上海社会科学院出版社,2014.

[11] 杨骊,叶舒宪. 四重证据法研究[M]. 上海:复旦大学出版社,2019.

[12] 杨骊. 反思二重证据法的局限——兼论多重证据法的演变之必然[J]. 西南民族大学学报(人文社会科学版),2014,35(4):185-188.

[13] 杨伯达. 清代造办处的“恭造式样”[J]. 上海工艺美术,2007(4):14-15.

[14] 王文光. 中国古代的民族识别[M]. 昆明:云南大学出版社,1997.

[15] [唐] 房玄龄. 晋书・四夷传[M]. 北京:中华书局,1974.

[16] [战国] 左丘明. 国语[M]. 上海:上海古籍出版社,2015.

[17] [宋] 欧阳修,宋祁. 新唐书[M]. 北京:中华书局,1975.

[18] 王承礼. 唐代渤海《贞惠公主墓志》和《贞孝公主墓志》的比较研究[J]. 社会科学战线,1982(1):181-187.

[19] 钱大昕. 十驾斋养新录[M]. 上海:商务印书馆, 1935.

[20] [元] 脱脱,等. 金史[M]. 北京:中华书局,1975.

[21] [元] 脱脱,等. 宋史[M]. 北京:中华书局,2000.

[22] [明] 宋濂,王祎. 元史[M]. 北京:中华书局,1976.

[23] 南炳文,汤纲. 明史(下)[M]. 上海:上海人民出版社,2014.

[24] 包遵彭. 明史(第2册)[M]. 台北:国防研究院,1962.

[25] 赵尔巽. 清史稿(卷99~卷115)[M]. 长春:吉林人民出版社,1995.

[26] 严勇,房宏俊,殷安妮. 清宫服饰图典[M]. 北京:紫禁城出版社,2010.

[27] [宋] 洪迈. 夷坚志(第1、2、3、4册)[M]. 北京:中华书局,1981.

[28] [后晋] 刘昫,等. 旧唐书(卷78~卷104)[M]. 长春:吉林人民出版社,1995.

[29] [唐] 陆柬之. 唐陆柬之书陆机文赋[M]. 上海:上海书画出版社,1978.

[30] 徐有贞,倪谦,韩雍. 武功集・倪文僖集・襄毅文集[M]. 上海:上海古籍出版社,1991.

[31] 崇璋. 再谈如意馆[J]. 中华周报(北京),1945,2(23):10.

[32] 徐震堮. 世说新语校笺[M]. 北京:中华书局,1984.

[33] [梁] 刘勰. 文心雕龙[M]. 长沙:岳麓书社,2004.

[34] [晋] 卫夫人. 笔阵图[M]. 周南李际期宛委山堂刻本.

[35] 冯晓林. 历代画论经典导读(学术版)[M]. 长春:东北师范大学出版社,2018.

[36] 傅抱石. 基本图案学[M]. 上海:商务印书馆,1936.

[37] [明] 方以智. 通雅[M]. 北京:中国书店,1990.

[38] [清] 李斗. 扬州画舫录[M]. 济南:山东友谊出版社,2001.

[39] [清] 沈寿口述;张謇整理. 雪宧绣谱[M]. 重庆:重庆出版社,2010.

[40] 聂崇正. 谈清代"臣字款"绘画[J]. 文物,1984(4):77−78.

[41] 李湜. 晚清宫中画家群:如意馆画士与宫掖画家[J]. 美术观察,2006(9):100−102.

[42] 赵评春,迟本毅. 金代服饰:金齐国王墓出土服饰研究[M]. 北京:文物出版社,1998.

[43] WATT J C Y, WARDWELL A E. When silk was gold central Asian and Chinese textiles[M]. New York: The Metropolitan Museum of Art, 1997.

[44] 黄能福,陈娟娟,黄钢. 服饰中华:中华服饰七千年(第2卷)[M]. 北京:清华大学出版社,2011.

[45] 黄维敏. 晚明清初通俗小说中的服饰时尚研究[M]. 成都:四川大学出版社,2018.

[46] 顾炎武. 日知录集释[M]. 上海:上海古籍出版社,2014.

[47] 徐长青,樊昌生. 南昌明代宁靖王夫人吴氏墓发掘简报[J]. 文物,2003(2):19−34.

[48] 北京市文物局. 北京文物精粹大系:织绣卷 [M]. 北京:北京出版社, 2001.

[49] 孙佩. 苏州织造局志[M]. 南京:江苏人民出版社,1959.

[50] 杨天宇. 礼记译注(上)[M]. 上海:上海古籍出版社,1997.

[51] 杨天宇. 礼记译注(下)[M]. 上海：上海古籍出版社，1997.

[52] 郑玄. 礼记正义(下)[M]. 上海：上海古籍出版社，2008.

[53] 石谷风. 徽州容像艺术[M]. 合肥：安徽美术出版社，2001.

[54] 笑笑生. 金瓶梅[M]. 香港：亚洲文化事业公司古籍部，1980.

[55] 西周生. 醒世姻缘传(上)[M]. 天津：天津古籍出版社，2016.

[56] 王相. 状元阁女四书[M]. 北京：书业德刻本，1898.

[57] 李斗. 扬州画舫录[M]. 周春东注. 济南：山东友谊出版社，2001.

[58] 孔昭明. 台湾文献史料丛刊第4辑62：清仁宗实录选辑[M]. 台北：台湾大通书局，1984.

[59] 中国第一历史档案馆. 起居注[A]. 文件名：4011000944.

[60] 中国第一历史档案馆. 上谕档[A]. 文件名：0309510312133.

[61] 中国第一历史档案馆. 呈稿[A]. 档号：05-08-019-000029-0026.

[62] 中国第一历史档案馆. 呈稿[A]. 档号：05-08-012-000061-0002.

[63] 中国第一历史档案馆. 呈稿[A]. 档号：05-08-012-000060-0077.

[64] 中国第一历史档案馆. 呈稿[A]. 档号：05-08-012-000060-0080.

[65] 中国第一历史档案馆. 呈稿[A]. 档号：05-08-012-000060-0006.

[66] 中国第一历史档案馆. 呈稿[A]. 档号：05-08-012-000060-0009.

[67] 中国第一历史档案馆. 呈稿[A]. 档号：05-08-012-000060-0010.

[68] 中国第一历史档案馆. 档号：03-5540-017.

[69] 单霁翔. 故宫藏影：西洋镜里的宫廷人物[M]. 北京：故宫出版社，2018.

[70] 中华世纪坛世界艺术馆. 晚清碎影：汤姆・约翰逊眼中的中国(1868-1872)[M] 北京：中国摄影出版社，2009.

[71] 吴趼人. 二十年目睹之怪现状[M]. 天津：天津古籍出版社，2004.

[72] 殷安妮. 清宫后妃氅衣图典[M]. 北京：紫禁城出版社，2014.

[73] [清] 徐珂. 清稗类钞(第十二册)[M]. 北京：中华书局，1986.

[74] [明] 刘若愚. 酌中志[M]. 北京：北京古籍出版社，1994.

[75] [宋] 李昉，等. 太平御览(第4卷)[M]. 石家庄：河北教育出版社，1994.

[76] 李湜.《喜溢秋庭图》考[J]. 故宫博物院院刊，2017(6)：72-81.

[77] [清] 潘荣陛，富察敦崇. 帝京岁时纪胜·燕京岁时记[M]. 北京：北京出版社，1961.

[78] [春秋] 孔子删订. 诗经[M]. 北京：中国文史出版社，1999.

[79] 郑恢. 事物异名分类词典[M]. 哈尔滨：黑龙江人民出版社，2002.

[80] 杨伯峻. 论语译注[M]. 北京：中华书局，1958.

[81] 张峋. 翁森集校注[M]. 北京：现代出版社，2015.

附录1 同治呈稿

附录1-1 同治六年四月发杭州织造呈稿

档案号：05-08-012-000060-0006

原标题：造办处办理绣活处 为办理杭州织造织办各色氅衣褂襕等项活计事等 同治六年四月初三日

绣活处呈为传办杭州织造各色氅衣、马褂、紧身、褂襕面等活计事。

造办处办理绣活处呈为移会事，同治六年三月初十日，库掌贵清太监黄永福来说，太监范常禄传，上曰：总管内务府大臣瑞明传知造办处，照交下应预备皇后所用等项活计、画样五分，传办各款活计单八件，内：粤海二件、两淮二件、杭州二件、苏州一件、九江一件等五处。均著造办处缮写各样活计数目红摺上各一分……上曰：所传两淮氅衣、褂襕，均身长四尺四寸，其马褂、紧身等，均著合计身长尺寸织办，钦此。（以上颜色俱要鲜明）

三月二十六日太监范常禄传，上曰：著传知各该监督织造等，按照所传杭州活计单妥为赶紧成做，统限于同治七年内陆续解齐，勿得迁延推诿，钦此钦遵等因呈明。中堂大人随奉，堂谕现在奉，上曰：传办杭州，活计着该监督遵照红单内各款活计逐一赶紧妥为办理，务于同治七年内陆续解到，万勿迟缓交。进时仍将原样红单，随同活计一并寄京，特谕相应移会两淮监督，遵照办理可，也为此具呈。（计粘活计单一件）

传杭州：十九号大红金寿字栀子花卉氅衣面二件（内绣缎一件 纳直径地纱一件）；二十号绿金双喜字百蝶氅衣面二件（内缂丝一件 纳直径地纱一件）；二十一号绿金寿字梅花氅衣面二件（内绣缎一件 绣芝麻地纱一件）；二十二号绿金寿字百蝠氅衣面二件（内缂丝一件 绣实地纱一件）；二十三号碎朵兰花氅衣面四件（内绣缎一件 缂丝一件 绣芝麻地纱一件 纳直径地纱一件）；二十四号桃江海棠花氅衣面二件（内缂丝一件 绣芝麻地纱一件）；二十五号大红兰花百蝶氅衣二件（内绣缎一件 纳直径地纱一件）；二十六号绿金寿字百蝶氅衣面二件（内绣缎一件 纳芝麻地纱一件）；二十七号绿梅花百蝶氅衣面二件（内缂丝一件 纳直径地纱一件）；二十八号绿乾枝梅氅衣面二件（内缂丝一件 绣实地纱一件）；二十九号绿金喜字百蝠氅衣面二件（内缂丝一件 纳直径地纱一件）；三十号大红金寿字水仙花氅衣面二件（内绣缎一件 缂丝一件）；三十一号大红桂花氅衣面二件（内绣实地纱一件 纳芝麻地纱一件）；三十二号明黄福缘善庆氅衣面二件（内缂丝一件 纳直径地纱一件）；三十三号大红子孙万

代氅衣面二件（内缂丝一件 纳直径地纱一件）；三十四号明黄绣缎水仙花氅衣面一件；三十五号藕合金双喜字荷花氅衣面二件（内绣芝麻地纱一件 纳直径地纱一件）；三十六号藕合墩兰氅衣面二件（内绣缎一件 纳直径地纱一件）；三十七号藕合碎兰花氅衣面二件（内缂丝一件 纳直径地纱一件）；三十八号藕合五彩百蝶氅衣面四件（内绣缎一件 缂丝一件 绣芝麻地纱一件 纳直径地纱一件）；三十九号粉红百蝶氅衣面二件（内绣芝麻地纱一件 纳直径地纱一件）；四十号藕合三蓝百蝶氅衣面二件（内缂丝一件 纳直径地纱一件）；四十一号藕合缂丝三蓝百蝶褂襕紧身马褂各一件；四十二号桃红墩兰氅衣面二件（内绣缎一件 纳直径地纱一件）；四十三号月白荷花氅衣面二件（内绣实地纱一件 纳直径地纱一件）；四十四号月白金双喜字荷花氅衣面二件（内绣芝麻地纱一件 纳直径地纱一件）；四十五号绿缂丝福缘善庆氅衣面一件；四十六号月白缂丝乾枝梅氅衣面一件；四十七号藕合绣缎乾枝梅氅衣面一件；四十八号明黄缂丝百蝶梅花氅衣面一件；四十九号绣藕合缎金双喜字百蝶褂襕面一件；五十号藕合缂丝百蝶五彩褂襕面一件；五十一号藕合缂丝兰花百蝶褂襕面二件；五十二号绣藕合缎子孙万代褂襕面一件 ；五十三号绣石青缎兰花百蝶褂襕面一件；五十五号蓝缂丝绣球梅褂襕面二件；五十六号石青缂丝金银竹兰褂襕面二件；五十七号石青缂丝金银竹兰马褂紧身面各一件；五十八号藕合缂丝竹梅褂襕面二件；五十九号石青缎绣五彩凤鸣春晓褂襕面二件；六十号藕合缂丝寿山福海马褂面一件；六十一号藕合缂丝寿山福海褂襕面一件；六十二号蓝缂丝碎兰花马褂面一件；六十三号蓝缂丝碎兰花褂襕面一件；六十四号明黄贵子兰孙紧身面二件（内绣缎一件 缂丝一件）；六十五号绣明黄缎福寿双全紧身面一件；六十六号藕合缂丝福寿双全紧身面一件；六十七号绣桃花红缎福寿双全紧身面一件 ；六十八号绿缂丝福缘善庆紧身面一件 ；六十九号绣月白缎福缘善庆紧身面一件；七十号绣桃红缎墩兰紧身面一件 ；七十一号绣藕合缎墩兰紧身面一件；七十二号明黄缂丝墩兰紧身面一件；七十三号桃红缂丝岁寒三友紧身面一件 ；七十四号绣明黄缎岁寒三友紧身面一件；七十五号绿缂丝红杏万年紧身面一件；七十六号绣绿缎金寿字梅花紧身面一件；七十七号桃红缂丝九思图紧身面一件；七十八号桃红缂丝九思图氅衣面一件；七十九号藕合缂丝九思图氅衣面一件；八十号绣藕合缎九思图紧身面一件；八十一号大红缂丝八香紧身面一件；八十二号绣大红缎碎兰花紧身面一件；八十三号绣桃红缎勤娘子紧身面一件；八十四号桃红缂丝瓜蝶绵绵紧身面一件；八十五号绣藕合缎竹子紧身面一件；八十六号大红缂丝瓜蝶棉棉紧身面一件；八十七号绣石青缎墩兰马褂面一件 ；八十八号绣石青缎墩兰紧身面一件；八十九号石青缂丝喜寿长春马褂面一件；九十号绣石青缎五福寿先马褂面一件 ；九十一号藕合缂丝万福马褂面一件 ；九十二号藕合缂丝灵仙祝寿马褂面一件。以上氅衣、褂襕、马褂、紧身边俱随本身花样，以上褂襕、马褂、紧身俱要对襟，以上绣衣服料有金字者要平金字。

传杭州：蓝缂丝小金团寿字氅衣面二件；酱色缂丝小金团寿字氅衣面二件；月白缂丝小金团寿字氅衣面二件；蓝江绸平金小团寿字氅衣面二件；酱色江绸平金小团寿字氅衣面二件；蓝缎平金小团寿字氅衣面二件；酱色缎平金小团寿字氅衣面二件；纳蓝直径地纱小金团寿字氅衣面二件；纳酱色直径地纱小金团寿字氅衣面二件 ；纳月白色直径地纱小金团寿字氅衣面二件；石青缂丝小金团寿字马褂面二件；石青江绸平金小团寿字马褂面二件；蓝缂丝小金团寿字紧身面二件；酱色缂丝小金团寿字紧身面二件；蓝江绸平金小团寿字紧身面二件；酱色江绸平金小团寿字紧身面二件；蓝缎平金小团寿字紧身面二件 ；酱色缎平金小团寿字紧身面二件；石青缂丝小金团寿字紧身面二件。以上氅衣、马褂、紧身边俱随本身字样，以上马褂、紧身俱要对襟。

附录1-2　同治六年四月发苏州织造呈稿

档案号：05-08-012-000060-0009

原标题：造办处办理绣活处 为办理苏州织造织办朝袍朝褂等项活计事等 同治六年四月初三日

绣活处呈为传办苏州织造朝袍、朝褂、龙袍、龙褂、各色氅衣面等活计事。

造办处办理绣活处呈为移会事，同治六年三月初十日库掌贵清太监黄永福来说，太监范常禄传，上曰：著总管内务府大臣瑞明，传知造办处照交下应预备皇后所用等项活计花样五分。传办各款活计单八件，内：粤海二件、两淮二件、杭州二件、苏州一件、九江一件等五处。均著造办处缮写各样活计数目红摺各一分，……上曰：所传苏州朝袍朝褂、金龙蟒袍、有水褂、无水袍、氅衣等均身长四尺四寸织办，钦此。（以上颜色俱要鲜明）……

传苏州：杏黄五彩金龙朝袍十二件（内缂丝四件 绣江绸四件 纳直径地纱四件）；石青五彩金龙朝褂二十件（内缂丝八件 绣江绸四件 纳直径地纱八件）； 石青五彩金龙披肩十二件（内缂丝四件 绣江绸四件 纳直径地纱八件）； 香色藕合五彩金龙朝袍八件（酱色江绸二件 香色纳直径地纱二件 藕合缂丝二件 藕合纳直径地纱二件）； 石青五彩金龙披肩八件（内绣江绸二件 缂丝二件 纳直径地纱四件）；杏黄五彩金龙蟒袍十二件（内缂丝六件 绣江绸二件 纳直径地纱四件）；大红缂丝金龙蟒袍六件（内绣江绸三件 纳直径地纱三件）； 绿五彩金龙蟒袍八件（内缂丝四件 纳直径地纱四件）； 藕合金龙蟒袍六件（内绣江绸二件 纳直径地纱四件）；石青五彩金龙八团有水褂二十五

件（内缂丝十件 绣江绸四件 纳实地纱二件 绣芝麻地纱三件 细直径地纱六件）；石青花卉八团有水褂二十件（内缂丝八件 绣江绸六件 纳直径地纱六件 要喜相逢八团 五福捧寿八团 团鹤八团 五谷丰登八团）；石青花卉八团有水褂二十件（缂丝八件 内喜相逢八团二件 五福捧寿八团二件 五谷丰登八团一件 团鹤八团一件 绣江绸六件 内喜相逢八团二件 五福捧寿八团二件 五谷丰登八团一件 团鹤八团一件 纳直径地纱六件 内喜相逢八团一件 五福捧寿八团一件 五谷丰登八团二件 团鹤八团二件）；杏黄五彩金龙无水袍八件（内缂丝二件 绣江绸二件 纳直径地纱四件）； 绿五彩金龙八团无水袍六件（内缂丝二件 绣江绸一件 纳直径地纱三件）；大红藕合绿花卉八团无水袍十二件（内大红缂丝二件 大红纳直径地纱二件 藕合绣江绸二件 绿缂丝二件 藕合纳直径地纱二件 纳绿直径地纱二件）。以上朝袍蟒袍八团袍俱随领袖袖装。

另一号杏黄福寿花卉氅衣面四件（内绣缎二件 纳直径地纱二件）； 另二号杏黄连连福寿氅衣面四件（内缂丝二件 纳直径地纱二件）； 另三号杏黄墩兰氅衣面四件（内绣芝麻地纱二件 纳直径地纱二件）；另四号大红缂丝三蓝百蝶碎兰花氅衣面四件； 另五号桃红三蓝百蝶碎兰花氅衣面四件（内绣缎二件 纳直径地纱二件）； 另六号浅绿乾枝梅氅衣面四件（内绣缎一件 缂丝二件 纳直径地纱一件）； 另七号月白乾枝梅氅衣面四件（内绣缎二件 缂丝二件）。

大红缂丝金长字三蓝飘铃领面四条；绣大红缎金喜字百蝶领面四条； 桃红缂丝碎兰花领面四条； 绣月白缎海棠花领面四条；藕合缂丝水仙花领面四条； 绣藕合缎三蓝百蝶领面四条； 浅绿缂丝梅花蝴蝶领面四条；绣大红缎金寿字五彩百福领面四条。以上氅衣边俱随本身花样，以上领面有金字者俱要平金字。

附录1-3 同治六年四月发两淮织办呈稿

档案号：05-08-012-000060-0010

原标题：造办处办理绣活处 为办理两淮织办氅衣褂襕等项活计事 同治六年四月初三日

传两淮：另八号大红三蓝百蝶碎兰花氅衣面四件（内绣缎二件 纳直径地纱二件）；另九号藕合百蝶碎兰花氅衣面八件（内缂丝二件 绣芝麻地纱二件 纳直径地纱四件）；另十号绿缂丝冰乍梅氅衣面二件；另十一号绣桃红缎灵仙祝寿氅衣面二件；另十三号桃红纳纱兰花蝴蝶氅衣面四件；另十四号绣桃红缎九花氅衣面二件 ；另十五

号绣大红缎水仙花氅衣面二件；另十六号大红缂丝金双喜字百蝶氅衣面四件；另十七号绿福寿氅衣面四件（内绣缎二件 纳直径地纱二件）；另十八号绣桃红缎子孙万代氅衣面四件；另十九号浅绿海棠花氅衣面四件（内绣实地纱二件 绣芝麻地纱二件）；另二十号桃红竹子氅衣面四件（内绣缎二件 纳直径地纱二件）；另二十一号桃红纳纱鏊兰氅衣面二件；另二十二号绣明黄缎江山万代氅衣面一件；另二十三号明黄缂丝竹兰氅衣面一件；另二十四号藕合荷花氅衣面四件（内绣缎一件 缂丝一件 纳芝麻地纱一件 纳直径地纱一件）；另二十五号桃红花篮氅衣面三件（内绣缎一件 缂丝一件 纳直径地纱一件）；另二十六号绣月白缎藤萝花氅衣面一件；另二十七号浅绿缂丝藤萝花氅衣面一件；另二十八号粉红缂丝藤萝花氅衣面一件；另二十九号纳杏黄直径地纱藤萝花氅衣面一件；另三十号月白梅花氅衣面二件（内绣缎一件 缂丝一件）；另三十一号月白缎绣五彩大百蝶氅衣面一件；另三十二号月白缂丝梅花蝴蝶氅衣面一件；另三十三号桃红百福百寿氅衣面四件（内缂丝二件 纳直径地纱二件）；另三十四号大红百蝶氅衣面二件（内绣缎一件 缂丝一件）；另三十五号藕合纳纱鏊兰氅衣面一件；另三十六号石青缂丝灵仙祝寿褂襕面四件；另三十七号绣石青缎百蝶褂襕面四件；另三十八号绣蓝缎寿字长春马褂面一件；另三十九号石青缂丝百蝶马褂面一件；另四十号绣石青缎瓜蝶马褂面一件；另四十一号绣石青竹子马褂面一件；另四十二号绣藕合缎花马褂面一件；另四十三号石青缂丝海棠花马褂面一件；另四十四号绣月白缎海棠花马褂面一件；另四十五号月藕合缂丝子孙万代马褂面一件（葫芦要套浅绿）；另四十六号绣石青缎海棠花紧身面二件；另四十七号月白缂丝海棠花紧身面二件；另四十八号绣绿缎富贵有余紧身面二件；另四十九号杏黄缂丝百蝶紧身面二件；另五十号藕合缂丝百蝶紧身面二件。以上氅衣、褂襕、马褂、紧身边俱随本身花样，以上褂襕、马褂、紧身俱要对襟，如有绣衣服料有金字者俱要平金字。蓝缂丝小金团寿字氅衣面二件；月白缂丝小金团寿字氅衣面二件；酱色缂丝小金团寿字氅衣面二件；蓝缎平金小团寿字氅衣面二件；酱色缎平金小团寿字氅衣面二件；蓝江绸平金小团寿字氅衣面二件；酱色江绸平金小团寿字氅衣面二件；纳月白色直径地纱小金团寿字氅衣面二件；纳蓝直径地纱小金团寿字氅衣面二件；纳酱色直径地纱小金团寿字氅衣面二件；石青缂丝小金团寿字马褂面二件；石青江绸平金小团寿字马褂面二件；蓝缂丝小金团寿字紧身面二件；酱色缂丝小金团寿字紧身面二件；蓝江绸平金小团寿字紧身面二件；酱色江绸平金小团寿字紧身面二件；蓝缎平金小团寿字紧身面二件；石青缂丝小金团寿字紧身面二件。以上氅衣、马褂、紧身边俱随本身字样，以上马褂、紧身俱要对襟。

附录1-4　同治七年十月发杭州织造呈稿

档案号：05-08-012-000060-0077

原标题：造办处办理绣活处 为发交杭州织造等处领袖装式样等项事 同治朝

绣活处呈为发交杭州、苏州、江南、两淮等，领袖、袖装式样，并氅衣、马褂（的）边子、挽袖颜色活计事。

造办处办理绣活处呈为移会事，同治七年十月二十三日，太监范常禄传，上曰：所有前传之江南、杭州、两淮、苏州，绣、缂丝、纳纱、直径纱（的）氅衣、紧身、马褂、褂襕等件，边子俱要元青地，各随本身花样。挽袖要白地，各随本身花样。贴边也随本身颜色花样，其边子、挽袖、贴边俱单随，钦此，又太监范常禄交。女领袖装四分，每分计五件。……特谕相应移会贵监督织造等，赶紧讨下尺寸。将交出女领袖样缴回，可也为此具呈。

附录1-5　同治七年十二月发杭州织造呈稿

档案号：05-08-012-000060-0080

原标题：造办处办理绣活处 为办理杭州织造织做缂丝褂襕边子等项事 同治朝

同治七年十二月十七日，绣活处呈为移会杭州织造，做褂襕边二条，挽袖四十六分事。造办处办理绣活处呈为移会事，同治七年十二月十七日，本处接到杭州织造解到氅衣、马褂、紧身、褂襕，共四十八件，由本处值房首领太监赵进喜持进呈览，随太监范常禄交缂丝褂襕边一件，计二条。

上曰：杭州织造德生呈进缂丝褂襕边子缺欠二条，著照交下缂丝褂襕边二条，再照样配做缂丝褂襕边二条，其呈进氅衣、马褂，共四十六件等。再传做挽袖四十六分，绣缎、绣江绸（的）氅衣，随绣缎、绣江绸（的）挽袖，绣纳实地纱、芝麻地纱、直径地纱（的）氅衣。随绣纳实地纱、芝麻地纱、直径地纱（的）挽袖，其挽袖要白地湖色地，俱随本身花样。再未解交氅衣、马褂，挽袖均著照本身材料花样织做，其颜色要白地湖色地。钦此， 钦遵等因呈明。堂壹随奉谕传知杭州织造，著照交下缂丝褂襕边二条，赶紧照样织做二条、 得随时随原交边子二条，一并呈进。再传做挽袖四十六分，均照上传白地湖色地颜色织做， 俱随本身材料花样。特谕相应移会贵织造遵照办理，赶紧寄京以备呈进，可也为此具呈。

附录1-6 同治八年正月发苏州织造呈稿

档案号：05-08-012-000061-0002

原标题：造办处办理绣活处 为成做衬衣面等项袖口尺寸移复苏州织造事等 同治八年正月二十日

造办处办理绣活处呈为移覆事，同治八年正月二十日。接到苏州织造奏案一件，开前奉发，上交女领袖袖装一分，计五件，业已收到。本织造遵即照依交下式样尺寸赶紧摹绘照样成做。其各项边子、挽袖、贴边，花样颜色查与本织造衙门历办式样，均属相符。惟查前传绣缂衣料，除蟒袍、龙袍遵照发样尺寸大小成做外，所有氅衣、衬衣面袖口尺寸，现系遵照前颁发金团寿字衬衣面式样办理，计袖口一尺二寸五分。……

附录2 光绪十年九月苏州织造奏案

档案号：03-5540-017

原标题：苏州织造 呈龙袍褂氅等物共四百七十八件谨照数办齐请单 光绪十年九月初九日

谨将敬事房传旨，派办龙袍、褂、氅衣、衬衣、马褂、紧身、褂襕，实办已成，共四百七十八件，谨照数办齐，缮具清单恭呈御览。……明黄实地纱绣淡彩牡丹加金百寿氅衣面一件；明黄实地纱绣水墨竹子加金百寿氅衣面一件；明黄芝麻地纱绣三蓝百蝶加金百寿氅衣面一件；明黄芝麻地纱绣水墨兰花加金百寿氅衣面一件；明黄直径地纱纳淡彩百蝶加金百寿氅衣面一件;明黄直径地纱纳三蓝竹子加金百寿氅衣面一件；明黄直径地纱纳淡彩牡丹加金百寿衬衣面一件；明黄直径地纱纳深浅藕合湖色三蓝藤萝加金百寿衬衣面一件；明黄直径地纱绣淡彩九花三蓝叶灰色梗衬衣面一件；明黄芝麻地纱绣淡彩绣球梅三蓝叶灰色梗衬衣面一件；明黄缂丝淡彩灵芝水墨叶加金百寿氅衣面一件；明黄缂丝水墨水仙加金百寿氅衣面一件；明黄缂丝水墨牡丹三蓝叶加金百寿氅衣面一件；品月缂丝淡彩百蝶加金百寿衬衣面一件；雪灰缎绣水墨水仙加金百寿衬衣面一件；茶色缎绣淡彩九花加金百寿衬衣面一件；品月直径地纱纳水墨兰花加金百寿氅衣面一件；湖色春纱绣淡彩藤萝水墨叶加金百寿衬衣面一件；湖色春纱绣淡彩牡丹水墨叶加金百寿衬衣面一件；湖色春纱绣水墨兰花加金百寿衬衣面一件；湖色春罗绣三蓝竹子加金百寿衬衣面一件；湖色罗绣淡彩灵芝加金百寿衬衣面一件；酱色直径地纱纳金银兰花加品月百寿氅衣面一件；酱色实地纱平二色金竹子加蓝百寿氅衣面一件；酱色芝麻地纱绣三蓝百蝶加金百寿氅衣面一件；酱色直径地纱纳三蓝九花二色金叶加金百寿衬衣面一件；品月直径地纱纳二色金兰花加雪灰百寿氅衣面一件；品月芝麻地纱绣淡彩牡丹水墨叶加金百寿氅衣面一件；品月实地纱绣水墨灵芝加金百寿氅衣面一件；品月直径地纱纳水墨百蝶加金百寿衬衣面一件； 宝蓝直径地纱纳二色金竹加金百寿氅衣面一件；宝蓝芝麻地纱绣淡彩牡丹加金百寿氅衣面一件；宝蓝实地纱绣淡彩百蝶加金百寿氅衣面一件；宝蓝直径地纱纳二色金绣球梅衬衣面一件；湖色直径地纱纳水墨兰花加金百寿衬衣面一件；湖色芝麻地纱绣淡彩牡丹加品月百寿衬衣面一件；茶色直径地纱纳水墨竹子加银百寿氅衣面一件；茶色芝麻地纱绣淡彩灵芝加金百寿氅衣面；雪灰直径地纱纳水墨兰花加金百寿衬衣面一件；雪灰实地纱绣淡彩九花加品月百寿衬衣面一件；雪灰芝麻地纱绣水墨百蝶加品月百寿衬衣面一件；品月直径地纱纳淡彩绣球梅衬衣面一件；茶色缂丝淡彩藤萝水墨叶加金百寿氅衣面一件；茶色缂丝淡彩牡丹水墨梗叶加二色金百寿氅衣面一件；茶色缂丝三蓝百蝶加二色金百寿氅衣面一件；茶色缂丝水墨水仙加二色金百寿衬衣面一件；湖色春纱绣淡彩九花加品月百寿衬衣面一件；湖色春纱绣水墨水仙加金百寿衬衣面一件；湖色春罗绣三蓝百蝶加金寿衬衣面一件；湖色春罗绣水墨九花加金百寿衬衣面一件；雪灰春纱绣水墨牡丹加品月百寿衬衣面一件；雪灰春纱绣三蓝兰花加金百寿衬衣面一件；雪灰缎绣三蓝九花加二色百寿衬衣面一件；雪灰缎绣水墨水仙加二色金百寿衬衣面一件；酱色缂二色金百寿氅衣面一件；酱色缂二色金百寿衬衣面一件；酱色直径地纱纳金百寿氅衣面一件；酱色直径地纱纳金百寿衬衣面一件；宝蓝缂二色金百寿氅衣面一件；宝蓝缂二色金百寿衬衣面一件；宝蓝直径地纱纳金百寿氅衣面一件；宝蓝直径地纱纳金百寿衬衣面一件；品月缂二色金百寿氅衣面一件；品月缂二色金百寿衬衣面一件；品月直径地纱纳二色金百寿氅衣面一件；品月直径地纱纳二色金百寿衬衣面一件；品月缎绣水墨牡丹加金百寿挽袖马褂面一件；品月缎绣水墨百蝶加金百寿挽袖马褂面一件；品月缎绣二色金水仙加金百寿挽袖马褂面一件；酱色缎绣淡彩九花三蓝梗叶金叶筋加金百寿挽袖马褂面一件；石青缎绣淡彩百蝶加金百寿挽袖马褂面一件；石青缎绣淡彩球梅三蓝梗叶金叶筋挽袖马褂面一件；酱色缎平二色金竹子加品月百寿挽袖马褂面一件；雪灰缎绣淡彩牡丹三蓝梗叶金叶加金百寿挽袖马褂面一件；酱色缎绣淡彩百蝶加金百寿有袖紧身面一件；宝蓝缎绣水墨兰花加金百寿有袖紧身面一件；品月缎绣淡彩九花水墨梗叶金叶筋加金百寿有袖紧身面一件；雪灰缎绣水墨牡丹加品月百寿有袖紧身面一件；酱色缎绣水仙加金百寿紧身面一件；宝蓝缎平二色金牡丹加金百寿紧身面一件；品月缎绣淡彩九花水墨梗叶金叶筋加金百寿紧身面一件；雪灰缎绣三蓝九花加金百寿紧身面一件；酱色缎绣三蓝竹子加金百寿有袖紧身面一件；茶色缎绣水墨百蝶加金百寿有袖紧身面一件；雪灰缎绣三蓝牡丹加金百寿有袖紧身面一件；茶色缎绣三蓝水仙加金百寿有袖紧身面一件；品月缎绣水墨兰花加金百寿紧身面一件；品月缎绣水墨水仙加金百寿紧身面一件；茶色缎绣淡彩九花水墨梗叶金叶筋加金百寿紧身面一件；茶色缎绣水墨球梅紧身面一件；石青缎绣三彩牡丹三蓝梗叶金叶筋加百寿褂襕面一件；酱色缎绣三蓝水仙加金百寿褂襕面一件；品月缎绣淡彩百蝶加金百寿褂襕面一件；雪灰缎绣水墨球梅三蓝梗叶金叶筋褂襕面一件；酱色缎平金百寿挽袖马褂面一件；品月缎平金百寿挽袖马褂面一件；雪灰缎平金百寿挽袖马褂面一件；茶色缎平金百寿挽袖马褂面一件；酱色缎绣品月百寿有袖紧身面一件；品月缎绣雪灰百寿有袖紧身面一件；雪灰缎平金百寿有袖紧身面一件；茶色缎绣蓝百寿有袖紧身面一件；酱色缎平金百寿紧身面一件；明黄缎绣品月百寿紧身面一件；品月缎平金百寿紧身面一件；雪灰缎绣品月百寿紧身面一件。共一百五十四件。

绣明黄缎五彩金龙十二章龙袍面四件；绣石青缎金龙四章龙褂面四件；绣明黄江绸五彩金龙十二章龙袍面四件；绣石青江绸金龙四章龙褂面四件；明黄缂丝五彩金龙十二章龙袍面四件；石青缂丝金龙四章龙褂面四件；明黄绣实地纱五彩金龙十二章龙袍面四件；石青绣实地纱金龙四章龙褂面四件；明黄绣芝麻地纱五彩金龙十二章龙袍面四件；石青绣芝麻地纱金龙四章龙褂面四件；明黄纳直径地纱五彩金龙四章龙褂面

四件。共四十八件。

……

赏福晋用：绣杏黄缎四章金龙官样挖杭蟒袍面六件；绣石青缎八团金龙有水褂面六件；绣杏黄江绸四章金龙官样挖杭蟒袍面六件；绣石青江绸八团金龙有水褂面六件；绣蓝缎官样挖杭女蟒袍面六件（内有大挖杭二件）；绣酱色缎官样挖杭女蟒袍面六件；绣石青缎花卉八团有水褂面六件；绣大红缎官样挖杭女蟒袍面六件；绣绿江绸官样挖杭女蟒袍面六件；绣石青江绸花卉八团有水褂面六件；大红江绸绣花卉氅衣面四件（朵兰 荷莲 百蝶 球梅）；桃红江绸绣花卉氅衣面四件（福寿 牡丹 墩兰 藤萝）；藕合江绸花卉氅衣面四件（灵芝 水仙 杷莲 百福）；浅绿江绸绣花卉氅衣面四件（云鹤 九花 梅花 西府海棠）；大红江绸绣花卉衬衣面四件（朵兰 荷莲 百蝶 球梅）；桃红江绸绣花卉衬衣面四件（福寿 牡丹 墩兰 藤萝）；藕合江绸绣花卉衬衣面四件（灵芝 水仙 杷莲 百福）；浅绿江绸绣花卉衬衣面四件（云鹤 九花 梅花 西府海棠）；藕合江绸绣花卉挽袖马褂四件（灵芝 水仙 杷莲 百福）；浅绿江绸绣花卉挽袖马褂四件（云鹤 九花 梅花 西府海棠）；藕合江绸绣花卉挽袖马褂四件（灵芝 水仙 杷莲 百福）；浅绿江绸绣花卉挽袖马褂四件（云鹤 九花 梅花 西府海棠）。共一百件，以上俱加金寿字。

附录3 实物信息

附录3-1 氅衣实物信息

明黄缎地织金圆寿字纹
氅衣（清F1）

红色绸绣蝶恋花纹
氅衣（清W6）

蓝色缂丝寿桃纹
氅衣（清W8）

黄色缂丝墩兰纹
氅衣（清W9）

红色缂丝瓜瓞绵绵纹
氅衣（清W10）

草绿色提花绸花草纹
氅衣（清W13）

紫色纱织牡丹暗团纹
氅衣（清W14）

紫色缎绣花蝶纹
氅衣（清W15）

明黄色绸绣牡丹平金团寿纹
氅衣（清光绪G1）

明黄色绸绣紫葡萄纹
氅衣（清光绪G2）

杏黄色绸绣藤萝蝴蝶纹
氅衣（清光绪G3）

紫色绸绣灵仙竹团寿纹
氅衣（清光绪G4）

绛色绸平金银串珠墩兰纹
氅衣（清光绪G5）

明黄色江绸绣三蓝竹枝
纹氅衣（清光绪G6）

月白色江绸平金绣团寿
纹氅衣（清光绪G7）

明黄色江绸平金银双喜
纹氅衣（清光绪G8）

明黄色绸绣墨竹平金团寿
纹氅衣（清光绪G9）

明黄色绸绣竹梅纹夹
氅衣（清G10）

明黄色江绸绣三蓝竹子纹
氅衣（清光绪G11）

品月色缎绣玉兰蝴蝶纹
氅衣（清光绪G12）

洋红色缎绣百花纹夹
氅衣（清道光G13）

洋红色彩绣牡丹蝴蝶纹
氅衣（清道光 G14）

绿色缎彩绣花蝶纹
氅衣（清道光G15）

粉色缎绣朵兰蝴蝶纹
氅衣（清光绪 G16）

红色缎绣子孙万代纹
氅衣（清光绪G17）

明黄色缎绣牡丹蝴蝶纹夹
氅衣（清光绪G18）

绛色缎绣牡丹蝴蝶纹夹
氅衣（清光绪 G19）

绛色缎平金绣双喜纹
氅衣（清光绪G20）

明黄色缎绣折枝桂花朵兰纹
氅衣（清光绪G21）

品月色平金银水仙团寿纹
氅衣（清光绪G22）

红色缎平银绣万字团寿纹
氅衣（清光绪G23）

品月色缎万字金团寿纹
氅衣（清光绪 G24）

湖色缎平金银绣团寿纹
氅衣（清光绪G25）

藕荷色缎万字金团寿纹
氅衣（清光绪G26）

青色缎平万字金团寿纹
氅衣（清光绪G27）

绛色缎平金银绣墩兰纹
氅衣（清光绪G28）

月白色缎平金银绣墩兰纹
氅衣（清光绪 G29）

雪灰色缎绣水仙团寿纹
氅衣（清光绪G30）

品月色缎万字八团云龙纹
氅衣（清G31）

明黄色缎绣菊花团寿纹
氅衣（清光绪G32）

绿色缎绣瓜蝶纹氅衣
拆片（清道光G33）

桃红色缎绣丛兰飞蝶纹
氅衣（清同治G34）

浅黄色罗绣海棠花纹
氅衣（清光绪G35）

宝蓝色罗平金绣团寿纹
氅衣（清光绪G36）

大红色纱绣百花纹单
氅衣（清道光G37）

品月色纱绣海棠纹
氅衣（清同治G38）

粉红色纳纱兰花纹
氅衣（清同治G39）

明黄色万字水墨荷花纹
氅衣（清同治G40）

明黄色万字水墨荷花纹
氅衣（清同治G41）

月白色地纳纱花卉纹
氅衣（清同治G42）

明黄色实地纱绣绿竹枝纹
氅衣（清同治G43）

绿色纳纱子孙万代蝴蝶纹
氅衣（清光绪G44）

月白色绣水墨百蝶团寿纹
氅衣（清光绪G45）

绛紫色绣金团寿纹
氅衣（清光绪G46）

明黄色绣水墨荷花纹
氅衣（清光绪G47）

明黄色直径纱绣绿竹纹
氅衣（清光绪G48）

明黄色直径纱绣水墨海棠纹
氅衣（清光绪G49）

明黄色绣绿竹枝纹单
氅衣（清光绪G51）

蓝色平金绣团寿纹夹
氅衣（清光绪G52）

明黄色绣金银荷花纹单
氅衣（清光绪G53）

明黄色平金银绣荷花纹单
氅衣（清光绪G54）

明黄色芝麻纱绣百蝶纹单
氅衣（清光绪G55）

品月色纱绣金团寿纹单
氅衣（清光绪G56）

品月色纱绣金团寿纹单
氅衣（清光绪G56）

蓝色纳纱墩兰团寿纹单
氅衣（清光绪G58）

粉色纱绣海棠纹
氅衣（清光绪G59）

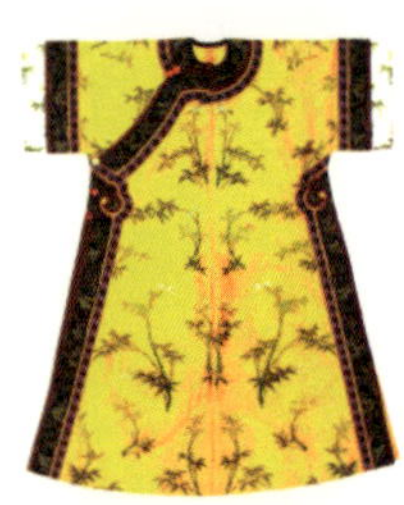

明黄色纱绣竹子纹
氅衣（清光绪G60）

明黄色纱绣兰花纹
氅衣（清光绪G61）

红色纱绣兰花蝴蝶纹
氅衣（清光绪G62）

紫色纱绣朵兰纹
氅衣（清光绪G63）

红色纱绣栀子花纹
氅衣（清光绪G64）

绛色纱平金绣双喜纹
氅衣（清光绪G65）

明黄色纱平金绣双喜纹
氅衣（清光绪G66）

明黄色纳纱水墨海棠纹
氅衣（清光绪G67）

明黄色绣百蝶纹
氅衣（清光绪G68）

红色子孙万代金双喜纹
氅衣（清光绪G69）

绛色纱绣金团寿纹单
氅衣（清光绪G70）

绛色纳纱银团寿纹
氅衣（清光绪G72）

红色纳纱金银荷花纹
氅衣（清光绪G73）

绛色直径纱绣金团寿纹
氅衣（清G74）

红色纳纱金银荷花纹
氅衣（清光绪G75）

明黄色绣绿竹枝纹
氅衣（清G76）

绛色纳纱兰花纹
氅衣（清G77）

大红色羽缎
氅衣（清道光G78）

明黄色葫芦双喜纹织金
氅衣（清同治G79）

绛紫色金双喜纹金
氅衣（清G80）

品月色双喜纹
（清G81）

绿色朵兰纹暗花绉绸单
氅衣（清咸丰G82）

绿色团龙纹暗花绸
氅衣（清道光G83）

茄紫色椒眼纹暗花绸
氅衣（清道光G84）

茄紫色五蝠捧寿纹暗花绸
氅衣（清咸丰G85）

月白色云鹤纹暗花江绸
氅衣（清同治G86）

大红色团龙纹暗花绸
氅衣（清同治G87）

深月白色葫芦暗花纹
氅衣（清同治G88）

绿色团寿纹暗花江绸
氅衣（清同治G89）

茄紫色葫芦花纹暗花江绸
氅衣（清同治G90）

茄紫色合林春燕纹暗花绉绸
氅衣（清同治G91）

茄紫色朵兰纹暗花绉绸
氅衣（清同治G92）

大红色团喜相逢纹暗花棉
氅衣（清同治G93）

桃红色团龙纹暗花江绸
氅衣（清光绪G94）

海昌蓝色团龙纹暗花江绸
氅衣（清G95）

杏黄色团龙纹暗花江绸
氅衣（清G96）

杏黄色团龙纹暗花缎
氅衣（清道光G97）

月白色牡丹飞蝠纹暗花罗
氅衣（清同治G98）

蓝色瓜蝶花卉纹暗花纱
氅衣（清同治G99）

茄紫色团龙纹暗花芝麻纱
氅衣（清道光G100）

深茄紫色团龙纹暗花
氅衣（清道光G101）

绿色团龙纹暗花芝麻纱
氅衣（清道光G102）

茄紫色团龙纹暗花
氅衣（清道光G103）

大红色团龙纹暗花
氅衣（清道光G104）

大红色团龙纹暗花
氅衣（清同治G105）

绿色团龙纹暗花
氅衣（清道光G106）

大红色团龙纹暗花单
氅衣（清道光G107）

大红色团龙纹暗花
氅衣（清咸丰G108）

红色双喜纹暗花
氅衣（清光绪G109）

大红色穿花龙纹暗花
氅衣（清道光G110）

绿色团龙纹暗花
氅衣（清道光G111）

杏黄色团龙纹暗花
氅衣（清道光G112）

大红色团龙纹暗花
氅衣（清道光G113）

宝蓝色江山万代纹暗花
氅衣（清咸丰G114）

茄紫色葫芦纹暗花直径纱单
氅衣（清咸丰G115）

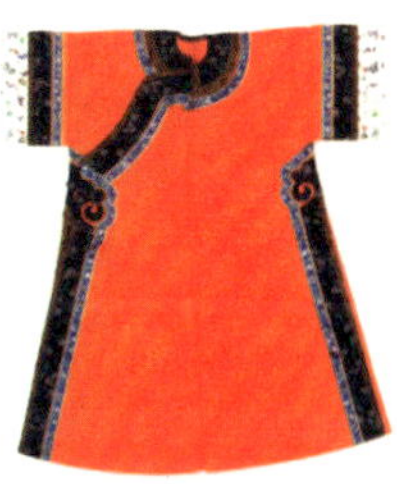

杏黄色团龙纹暗花直径纱
单氅衣（清光绪G116）

明黄色团荷花双喜纹
氅衣（清光绪G117）

草绿色团荷花双喜纹
氅衣（清光绪G118）

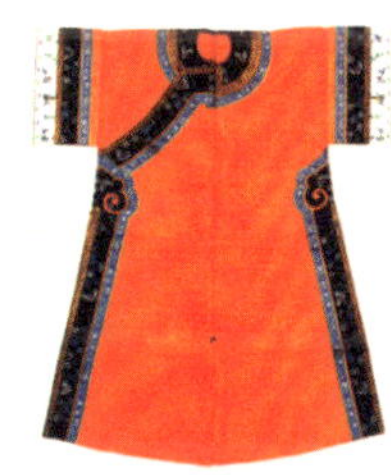

杏黄色团龙纹暗花
氅衣（清G119）

桃红色缂丝丛兰纹
氅衣（清道光G120）

大红色缂丝百花纹
氅衣（清同治G121）

绛色缂丝绣球纹
氅衣（清同治G122）

绛色缂丝绣球纹
氅衣（清同治G123）

月白色缂丝八团百蝶纹
氅衣（清同治G124）

绿色缂丝牡丹纹单
氅衣（清同治G125）

绿色缂丝牡丹纹夹
氅衣（清同治G126）

明黄色缂丝水墨墩兰纹棉
氅衣（清同治G127）

明黄色缂丝藤萝纹棉
氅衣（清同治G128）

明黄色缂丝竹枝纹棉
氅衣（清同治G129）

绿色缂丝枝梅纹夹
氅衣（清光绪G130）

杏黄色缂丝子孙万代蝴蝶纹
氅衣（清光绪G131）

蓝色缂金团寿纹夹
氅衣（清光绪G132）

绛色缂金团寿纹夹
氅衣（清光绪G133）

玄青色缂丝万字团寿纹
氅衣（清光绪G134）

蓝色缂丝金团寿纹
氅衣（清光绪G135）

绛色缂金银菱万字地蝠寿纹
氅衣（清光绪G136）

绛色缂金银万字团寿纹
氅衣（清光绪G137）

蓝色缂金团寿纹夹
氅衣（清光绪G138）

绛色缂金团寿纹棉
氅衣（清光绪G139）

绿色缂金银万字蝠寿纹
氅衣（清光绪G141）

绛色缂金百蝠纹
氅衣（清光绪G142）

黄色缂丝水墨水仙纹
氅衣（清光绪G143）

绛色缂金百蝠纹
氅衣（清光绪G144）

蓝色缂金团寿纹夹
氅衣（清G145）

蓝色缂金团寿纹夹
氅衣（清光绪G146）

绛色缂金银墩兰纹棉
氅衣（清G147）

宝蓝色缂金百蝠纹棉
氅衣（清G148）

蓝色缂金银万字蝠寿纹
氅衣（清G149）

藕荷色缂丝朵兰蝴蝶纹
氅衣（清光绪G150）

绛色缂金团寿纹
氅衣（清G151）

雪青色缂丝墩兰纹
氅衣（清G152）

附录3-2 衬衣实物信息

月白色缂丝水墨梅花纹
衬衣（清光绪D185）

月白色缂丝百蝶纹
衬衣（清光绪D183）

黄色缂丝墩兰纹
衬衣（清光绪D184）

天青色纳纱八香纹
衬衣（清X1）

紫色缎绣灵芝寿字纹
衬衣（清X2）

红色绸绣兰花百蝶纹
衬衣（清X3）

黄色绸绣花草纹
衬衣（清W1）

粉色纱织花蝶纹
衬衣（清W2）

粉色提花绸双龙戏珠纹
衬衣（清W3）

杏黄色缂丝墩兰蝴蝶纹
衬衣（清W4）

青色缎绣仙鹤花卉纹
衬衣（清W5）

紫色漳绒花蝶纹
衬衣（清W7）

蓝色缂丝寿菊纹
衬衣（清W11）

绿色纳纱二龙戏珠暗团纹
衬衣（清W12）

粉色缎绣兰桂齐芳纹
衬衣（清W16）

绿色纱绣折枝梅金团寿纹
衬衣（清同治GG137）

雪青色直径纳纱绣竹子纹
衬衣（清光绪GG138）

品月色缎平金银团寿菊花纹
棉衬衣（清光绪GG139）

品月色缂丝凤凰梅花纹皮
衬衣（清光绪GG140）

明黄色缎绣栀子花蝶纹夹
衬衣（清GG154）

雪青色绸绣三蓝百蝶纹棉
衬衣（清光绪D52）

雪灰色绸绣水墨百蝶纹夹
衬衣（清光绪D53）

月白色绸绣水墨百蝶纹棉
衬衣（清光绪D54）

杏黄色三元纹暗花绸夹
衬衣（清同治D55）

明黄色绸绣三蓝百蝶纹棉
衬衣（清光绪D56）

雪青色绸绣水墨折枝梅纹夹
衬衣（清光绪D57）

湖色绸绣三蓝兰花纹棉
衬衣（清光绪D58）

绿色缎绣梅花蝶纹镶边棉
衬衣（清光绪D59）

黄色绸绣三蓝竹枝纹棉
衬衣（清光绪D60）

香色绸绣淡彩墩兰纹夹
衬衣（清D61）

明黄色纱绣菊花寿纹单
衬衣（清光绪D62）

浅米黄色绸绣墩兰纹夹
衬衣（清光绪D64）

杏黄色江绸绣兰桂齐芳纹夹
衬衣（清光绪D65）

绛色葫芦纹暗花绸羊皮
衬衣（清道光D66）

玄青色绸绣墩兰纹棉
衬衣（清光绪D67）

湖色绸绣折枝梅花纹夹
衬衣（清光绪D68）

品月色绸绣淡彩百蝶纹夹
衬衣（清光绪D69）

黄色绸绣三蓝墩兰纹棉
衬衣（清光绪D70）

湖色绸绣淡彩墩兰纹棉
衬衣（清光绪D71）

浅黄色绸绣三蓝百蝶纹
衬衣（清光绪D72）

品月色绣绸水墨折枝梅纹
夹衬衣（清光绪D73）

深棕色绸绣三蓝团梅纹
衬衣（清光绪D74）

浅品月色绸绣水墨枝梅纹棉
衬衣（清光绪D75）

浅米黄色绸绣水墨百蝶纹
衬衣（清光绪D76）

玄青色绸绣三蓝桃花纹
衬衣（清光绪D77）

米色绸绣淡彩枝梅纹
衬衣（清光绪D78）

玄青色绸绣三蓝百蝶纹
衬衣（清光绪D79）

湖色绸绣三蓝百蝶纹
衬衣（清光绪D80）

明黄色绸绣三蓝百蝶纹
衬衣（清光绪D81）

明黄色绸绣三蓝百蝶纹
衬衣（清光绪D82）

明黄色缎绣葡萄蝶纹夹
衬衣（清光绪D83）

明黄色绸绣三蓝百蝶纹
衬衣（清光绪D85）

月白色缎绣彩藤萝纹
衬衣（清光绪D86）

明黄色缎绣藤萝纹
衬衣（清光绪D87）

藕荷色缎绣折枝藤萝纹
衬衣（清光绪D88）

黄色绸绣三蓝碧桃纹
衬衣（清光绪D89）

雪青色缎绣水仙花蝶纹
衬衣（清光绪D90）

湖色缎绣百蝶纹
衬衣（清光绪D91）

黄色缎绣牡丹金银团寿纹
衬衣（清光绪D92）

湖色绸绣淡彩百蝶纹单
衬衣（清光绪D93）

品月色缎绣球纹棉
衬衣（清光绪D94）

品月色缎绣水墨牡丹寿纹
衬衣（清光绪D96）

明黄色绸绣三蓝折枝桃花纹
单衬衣（清光绪D97）

明黄色缎绣水仙蝶纹
衬衣（清光绪D98）

湖色缎绣绣球蝶纹
衬衣（清光绪D99）

品月色缎绣加金枝梅水仙纹
衬衣（清光绪D100）

紫色缎绣折枝兰花蝶纹
衬衣（清光绪D101）

湖色缎绣百蝶纹
衬衣（清光绪D102）

品月色缎绣绣球纹衬衣
拆片（清光绪D103）

雪灰色缎绣折枝藤纹
衬衣（清光绪D104）

品月色缎绣折枝玉兰蝶纹
衬衣（清光绪D105）

枣红色缎绣菊花金团寿纹
衬衣（清光绪D106）

雪灰色缎绣海棠蝶纹
衬衣（清光绪D107）

月白色缎绣墩兰纹夹
衬衣（清光绪D108）

酱色缎绣水墨牡丹团寿纹
衬衣（清光绪D109）

雪灰色缎绣三蓝菊团寿纹
衬衣（清光绪D110）

湖色缂丝朵兰金团寿纹
衬衣（清光绪D111）

绛色缂银万字蝠团寿纹
衬衣（清光绪D112）

雪灰色缂丝水墨百蝶纹
衬衣（清光绪D113）

明黄色绣折枝菊花团寿纹
衬衣（清光绪D114）

浅月白色缂丝整枝梅纹
衬衣（清光绪D115）

蓝色缂银斜万字地蝠寿纹
衬衣（清光绪D116）

雪青色缂金整枝竹子纹
衬衣（清光绪D117）

青色缂丝三蓝枝梅纹
衬衣（清光绪D118）

黄色缂丝朵兰金团寿纹
衬衣（清光绪D119）

蓝色缂金银万字蝠寿纹
衬衣（清光绪D120）

雪灰色缂丝团菊花纹
衬衣（清光绪D121）

品月色缂金银万字福寿纹
衬衣（清光绪D122）

黄色缂丝灵仙祝寿纹棉
衬衣（清光绪D123）

蓝色缂银万字地金双喜纹
衬衣（清光绪D124）

雪灰色缂丝水墨墩兰纹
衬衣（清光绪D125）

品月色缂金银万字福寿纹
衬衣（清光绪D126）

绛色缂金银万字金双喜纹
衬衣（清光绪D127）

品月色缂银斜万字地蝠寿纹棉
衬衣（清光绪D128）

雪灰色缂丝水墨枝梅纹棉
衬衣（清光绪D129）

品月色缂丝团菊花纹
衬衣（清光绪D130）

酱色缂金银墩兰纹棉
衬衣（清光绪D131）

月白色缂金团寿纹棉
衬衣（清光绪D132）

浅雪青色缂金万字地双喜纹
衬衣（清光绪D133）

绛色缂金团寿纹棉
衬衣（清光绪D135）

月白色缂丝万寿纹
衬衣（清光绪D136）

品月色缂丝水墨墩兰纹
衬衣（清光绪D137）

湖色缂丝万字金团寿纹
衬衣（清光绪D138）

绛色缂银万字蝠团寿纹
衬衣（清光绪D139）

月白色缂金银墩兰纹
衬衣（清光绪D140）

月白色缂丝团菊花纹
衬衣（清光绪D141）

月白色缂丝百蝶纹
衬衣（清光绪D142）

雪青色缂丝水墨墩兰纹
衬衣（清光绪D143）

品月色缂金团寿纹
衬衣（清光绪D144）

蓝绿色缂金四合如意团寿纹
衬衣（清光绪D145）

湖色缂丝牡丹团寿纹
衬衣（清光绪D146）

雪青色缂丝水墨水仙花纹
衬衣（清光绪D147）

品月色缂金团寿纹
衬衣（清光绪D148）

月白色缂金蝠团寿纹
衬衣（清光绪D149）

品月色缂银万字地蝠团寿纹
衬衣（清光绪D150）

雪青色缂丝牡丹团寿纹夹
衬衣（清光绪D151）

蓝色缂金团寿纹夹
衬衣（清光绪D152）

月白色缂金银蝠团寿纹
衬衣（清光绪D153）

玄青色缂丝三蓝百蝶纹
衬衣（清光绪D154）

绛色缂金团寿纹
衬衣（清光绪D155）

蓝色缂金双喜纹
衬衣（清光绪D156）

月白色缂金银江山万代纹
衬衣（清光绪D157）

藕荷色缂丝青万字地金银蝠
团寿纹衬衣（清光绪D158）

酱色缂金银水仙花纹
衬衣（清光绪D159）

宝蓝色缂丝水墨荷花纹
衬衣（清光绪D160）

品月色缂金银大团寿纹
衬衣（清光绪D161）

雪灰色缂丝水墨百蝶纹
衬衣（清光绪D162）

绛色缂银万字蝠团寿纹
衬衣（清光绪D163）

宝蓝色缂金墩兰彩蝶纹
衬衣（清光绪D164）

蓝色缂金银团三元花卉纹
衬衣（清光绪D165）

浅雪灰色三蓝丛竹纹
衬衣（清光绪D166）

雪青色缂丝彩百蝶纹
衬衣（清光绪D167）

绛色万字蝠团寿纹
衬衣（清光绪D168）

蓝色缂丝淡彩枝梅纹
衬衣（清光绪D169）

黄色缂丝藤萝团寿纹
衬衣（清光绪D170）

雪青色朵枝兰团寿纹
衬衣（清光绪D171）

月白色绛金团寿纹
衬衣（清光绪D172）

湖色绛水草金鱼纹
衬衣（清光绪D173）

黄色水墨菊花纹
衬衣（清光绪D174）

酱色绛金梅花纹
衬衣（清光绪D175）

绿色绛金团寿纹
衬衣（清光绪D176）

宝蓝色大洋花纹
衬衣（清光绪D177）

黄色绛丝菊花团寿纹
衬衣（清光绪D178）

雪灰色三蓝绣球梅纹
衬衣（清光绪D179）

月白色绛金凤牡丹纹
衬衣（清光绪D180）

蓝色绛丝水仙花纹
衬衣（清光绪D181）

绿色绛金团寿纹
衬衣（清光绪D182）

附录3-3　马褂实物信息

草绿色绸绣牡丹团寿纹
马褂（清GG174）

绛色缂金银水仙花纹
马褂（清光绪GG175）

绛紫色绸绣桃花团寿纹镶
马褂（清GG173）

月白色缂丝牡丹寿字纹
马褂（清光绪G1）

驼色蝠寿纹暗花缎
马褂（清光绪G2）

茶色绸绣牡丹纹
马褂（清光绪G3）

雪青色缂丝菊蝶纹
马褂（清光绪G4）

白色鹿皮板夹
马褂（清同治G5）

月白色缂丝大洋花纹
马褂（清光绪G6）

草绿色江绸绣牡丹团寿纹
马褂（清G7）

雪灰色缂丝牡丹团寿纹
马褂（清光绪G8）

月白色万字盘肠纹暗花
马褂（清光绪G9）

绛色缂丝水仙纹
马褂（清光绪G10）

蓝色缎绣团福寿纹大襟
马褂（清G11）

雪灰色缂丝牡丹团寿纹
马褂（清光绪G12）

月白色牡丹纹漳缎
马褂（清光绪G13）

驼色锦纹暗花缎
马褂（清光绪G14）

青色缂金百寿纹
马褂（清光绪G15）

酱色绸绣菊花寿字纹
马褂（清光绪G16）

驼色团龙锦纹暗花缎
貂皮边对襟夹马褂
（清光绪G17）

月白色绸绣牡丹纹
银鼠皮琵琶襟马褂
（清光绪G18）

品月色百蝠百寿纹织金
缎镶边女对襟夹马褂
（清G19）

茶色缂丝团寿字纹
灰鼠皮琵琶襟马褂
（清光绪G20）

虾青色锦地三元花纹暗花
马褂（清光绪G21）

蓝色平金绣百蝠团寿纹
马褂（清G22）

品绿色缂金百蝶纹
马褂（G23清光绪）

紫色绸绣百蝶纹
马褂（G24清光绪）

粉色缎绣水墨墩兰团寿纹
马褂（清光绪G25）

绿色缂丝水墨菊花纹
马褂（清光绪G26）

宝蓝色缎绣平金云鹤纹
马褂（清光绪GG156）

蓝色缎缉米珠绣栀子天竹纹
马褂 （清光绪GG158）

果绿色暗花缎
马褂（清光绪GG159）

品月色缎绣绣球花纹夹
马褂（清光绪GG168）

石青色缎绣瓜蝶纹镶领袖边
女夹马褂（清光绪GG170）

明黄色绸绣绣花棉
马褂（清GG172）

附录3-4 紧身实物信息

蓝色缎绣花蝶纹
紧身（清W17）

钉绫花蝶纹夹
紧身（清同治GG180）

石青色缎绣牡丹蝶纹
紧身（清同治GG181）

茶青色缎绣牡丹纹
紧身（清光绪GG182）

月白色绸绣芙蓉纹对襟
紧身（清同治G28）

青色缂丝牡丹纹
紧身（清光绪G29）

绿色缂丝暗八仙纹
紧身（清光绪G30）

紫色缂丝暗八仙纹
紧身（清光绪G31）

粉色三多纹织金缎
紧身（清G32）

杏黄色缂丝花卉纹
紧身（清光绪G33）

蓝色缂丝水墨百蝶纹
紧身（清光绪G34）

紫色织金绸金鱼纹
紧身（清光绪G35）

月白色织金绸金鱼纹
紧身（清光绪G39）

蓝色缂金枝梅纹女对襟
紧身（清光绪G40）

宝蓝色缂丝金竹子纹
紧身（清光绪G41）

月白色金鱼纹织金绸镶
紧身（清光绪G43）

雪灰色缂金竹子纹
紧身（清光绪G44）

酱色缂金百寿纹貂皮
紧身（清光绪G46）

湖色缎绣栀子纹
紧身（清光绪G47）

品月色三多暗花缎
紧身（清G48）

杏黄色江绸绣墩兰蝶纹
紧身（清光绪G50）

附录3-5 褂襴实物信息

品月色缎绣百蝶团寿纹女夹
褂襴（清光绪GG181）

石青色缎绣百蝶纹夹
褂襴（清光绪 GG179）

实物图档来源标识：

【G】来源：《清宫后妃氅衣图典》故宫博物院藏

【GG】来源：《清宫服饰图典》故宫博物院藏

【D】来源：故宫博物院数字文物库

【F】来源：美国丹佛艺术博物馆藏

【W】来源：王金华藏

【X】来源：王小潇藏

附录4 图录

附录5 表录

后 记

《满族服饰结构与形制》《满族服饰结构与纹样》《大拉翅与衣冠制度》是五卷本《满族服饰研究》的卷一、卷二和卷四。在满族服饰研究之前做了针对满族文化的服饰标本、民俗、历史、地理学、文化遗存的田野调查等基础性研究，并纳入到倪梦娇、黄乔宇和李华文的硕士研究课题。课题方向的确定与清代服饰收藏家王金华先生提供的实物支持有关。他的藏品最大特点是满蒙汉贵族服饰成系统收藏，等级高、品相好、保留信息完整。他还有多部专业的藏品专著出版，被誉为学者型收藏家。此为本课题满汉服饰文化的比较研究和清代民族交往、交流、交融的探索提供了绝佳的实物研究资料。特别是提供的清末满族贵族妇女氅衣、衬衣的系统藏品，为其结构与形制、纹样的深入研究得到了实物保证，为追考文献和图像史料以及相关的学术发现、有史无据等问题的探索都给予了实物支持。以满族妇女常服作为研究重点，还有一个重要原因，就是不论在有关满族的官方、地方和私人博物馆等都没有像王金华先生那样有成套的满族大拉翅收藏。要知道大拉翅作为便冠，最有经济价值的是它标配的扁方。这就是为什么无论是博物馆还是藏家对大拉翅收藏都钟情于扁方，甚至被称为收藏专项，而帽冠本体被弃之，即使保留还是要视其中的钿饰多寡而定。而王金华先生不同，不论有无经济价值，都要完整收藏。这种堪称教科书式藏品的历史信息，使它的历史价值、学术价值大大超越了它们的经济价值。且他无私地悉数提供研究，这种学者藏家的文化精神和民族大义令人折服。

因此，拥有成系统的满族服饰标本，就应该有一个成系统和深入研究的方案。根据这些标本形成了《满族服饰结构与形制》《满族服饰结构与纹样》和《大拉翅与衣冠制度》三个分卷的实物基础，制定了“王系标本”的研究方案。从2018年1月到2019年11月历时一年多的实物考据，为文献研究和实地学术调查提供了线索，配合满族文化发祥地的历史地理学调查和中原多民族交流史的物质遗存学术调查，也成为既定的基础性研究内容。

满族文化发祥地自然要聚焦在东北。在实物研究的中后期，组成导师刘瑞璞，成员倪梦娇、黄乔宇、李华文和何远骏考察团队，带着实物研究产生的问题到东北走访了满俗专家满懿教授和原沈阳故宫博物院研究室主任佟悦先生。

在满懿教授的推荐下，对满洲发祥地坐落在抚顺新宾满族自治县努尔哈赤起兵的赫图阿拉故地进行了调查，并得到满族池源老师的指导。调查的现实是，似乎满洲的影子全无，当地政府和民俗专家试图恢复满洲故地的面貌和物质文化遗存，但大都出于旅游的考虑，历史和学术价值有限，我们内心变得异常复杂。这让我们又回到有代表性民族交融遗存的调查上来。为什么清朝成为从民族融合到民族涵化的集大成者，是离不开“合久必分，分久必合”周期率的。不论是汉族政权还是北方少数民族政权，从魏晋南北朝、辽金元到清都集中在山西这片土地上，同时山西又是可以涵盖整个中华民族五千年文明史的标志性地域。因此在东北满族文化故地调查之后就进行了山西为期一个月的中原多民族交流史的物质遗存学术调查。

调查时间从2019年2月24日到3月20日为期一个月左右，由导师刘瑞璞，成员倪梦娇、黄乔宇和服饰企业家李臣德组成的团队，以自驾方式作“民族融合物质文化”历史地理学调查。除了晋以外还涉及陕豫两省，调查项目目的地共计104处，综合博物馆主要是山西博物院（晋中），晋北大同博物馆和晋南临汾博物馆。文化遗存有晋祠、双林寺、镇国寺、永乐宫、佛光寺等83处。文化遗址为晋国遗址博物馆、陶寺遗址、虢国遗址博物馆、云冈石窟等17处。通过山西具有代表性民族融合的文化遗存、遗址和有关服饰古代物质文化等统计发现，大清满洲服饰的形制结构、纹样儒化，比其他少数民族统治的政权更具有“民族涵化”的特质。例如在山西考古发现的服饰物质遗存，从魏晋南北朝到辽金元服饰的衽式都是左右衽共治，只有清朝采用与汉统一致的右衽制。纹饰的“满俗汉制”与其说是“汉化”，不如说是“满化”，满族妇女便服的挽袖满纹、错襟、隐襕等都表现出青出于蓝而胜于蓝独特的历史样貌。山西为期一个月的“民族融合物质文化”学术调查，是针对倪梦娇的“结构与形制”和黄乔宇的“结构与纹样”研究课题计划的。由于李华文此前得到台湾访学的机会，其研究课题“大拉翅结构研究”就得到了台湾学术调查的意外收获。因此大拉翅研究就有了台湾一手材料的补充：得到了台北“故宫博物院”铜质以外宫廷的大拉翅扁方补白，如玳瑁、白玉、金、茄楠木等扁方在民间极少见到；收获了台湾发簪博物馆两顶大拉翅标本、20余件满蒙扁方、大拉翅CT图像和一百余张晚清满蒙汉妇女头饰图像文献史料；对台湾大学图书馆相关风俗志文献、图像和实物史料进行了针对性研究；还得到台湾满族协会会长袁公瑾先生、收藏家吴依璇女士、柯基生先生、台湾实践大学许凤玉教授、传统服饰专家郑惠美教授的指导和实物研究等支持，谨此聊表谢忱。

在此，还要对本课题研究过程中团队成员朱博伟、陈果、常乐、唐仁惠、乔滢锦、郑宇婷、何远骏、韩正文等给予的各种协作、帮助和支持一并表示感谢。

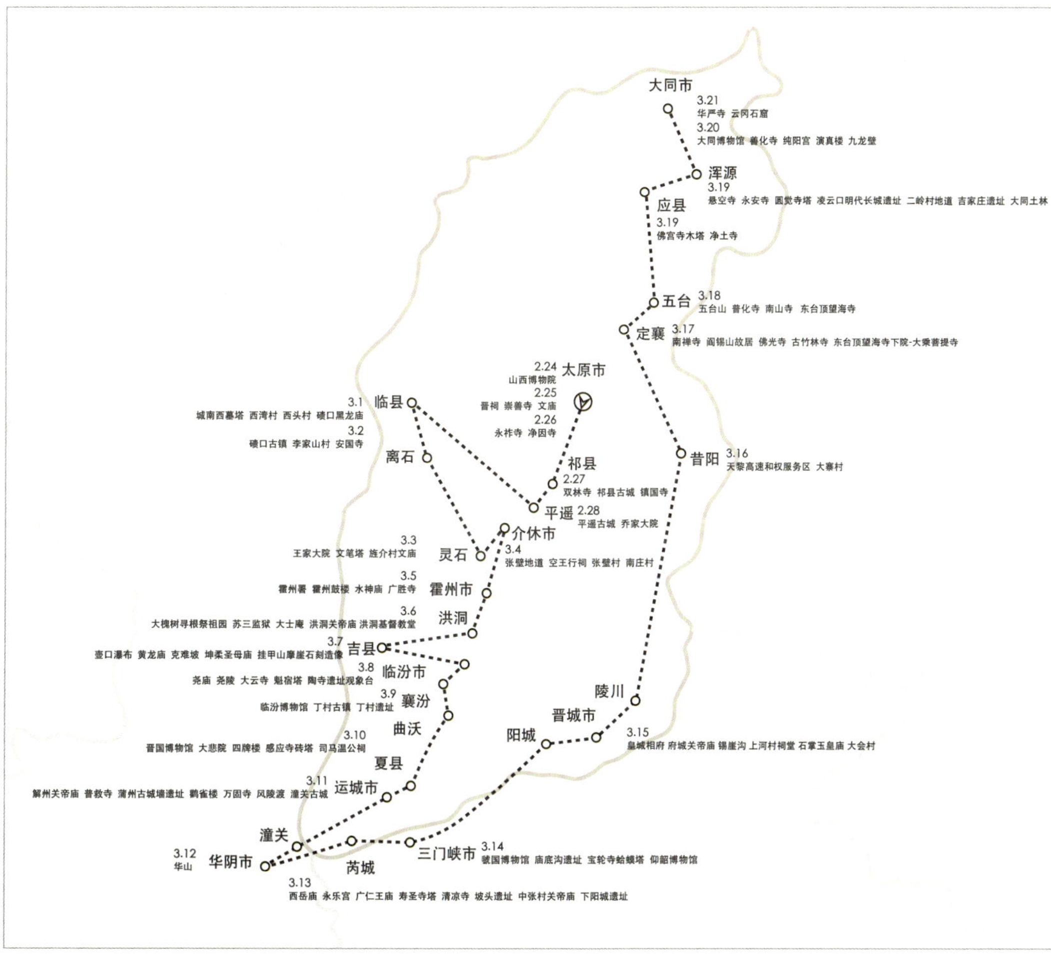

山西“民族融合物质文化”学术调查

作者于2023年5月